"新工科"人才培养实验教材

润滑油液分析实验

● 卢小辉　谢小鹏　编

U0396449

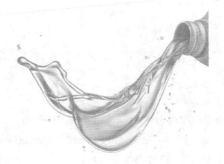

华南理工大学出版社
SOUTH CHINA UNIVERSITY OF TECHNOLOGY PRESS

·广州·

图书在版编目（CIP）数据

润滑油液分析实验/卢小辉，谢小鹏编. —广州：华南理工大学出版社，2018.8
ISBN 978 - 7 - 5623 - 5743 - 8

Ⅰ．①润⋯　Ⅱ．①卢⋯　②谢⋯　　Ⅲ．①润滑油 - 实验 - 教材　Ⅳ．①TE626.3 - 33

中国版本图书馆 CIP 数据核字（2018）第 191697 号

润滑油液分析实验

卢小辉　谢小鹏　编

出 版 人：卢家明

出版发行：华南理工大学出版社

　　　　　（广州五山华南理工大学 17 号楼，邮编 510640）

　　　　　http://www.scutpress.com.cn　　　E-mail：scutc13@scut.edu.cn

营销部电话：020 - 87113487　87111048（传真）

责任编辑：袁　泽

印 刷 者：广州市穗彩印务有限公司

开　　本：787mm×1092mm　1/16　印张：9.25　字数：225 千

版　　次：2018 年 8 月第 1 版　2018 年 8 月第 1 次印刷

定　　价：30.00 元

前　言

　　润滑油液分析实验是配合摩擦学等理论课程教学的重要环节，与润滑油液监测与分析的工程实际紧密联系。《润滑油液分析实验》是结合高等院校培养工程技术人才的工程教育背景而编写的适应"新工科"人才培养要求的实验教材。

　　本教材是在华南理工大学已使用多年的讲义《润滑油检测分析实验指导书》的基础上扩展补充而成，教材中引用了最新国家标准中的检测方法，有较强的实用性和先进性。本实验教材中既有经典、实用的常规实验方法，也有较先进的仪器检测方法，各院校可根据教学实际和教学大纲的要求选择其中的实验项目。

　　本教材主要分为两部分。第一部分是润滑油液分析实验的基础知识，作为第一章的内容，包括油液分析技术概述、油液样品的采集、常用仪器的使用、实验数据处理和实验室安全等，以使学生能够较系统地掌握润滑油液分析实验的基础知识，并注重实验安全意识的培养。第二部分是实验，分为5章，共25个实验项目，涵盖了油液理化指标分析、铁谱分析、光谱分析、污染度分析等基本操作及基本技能训练实验。

　　本教材的内容从相关课程的理论出发，要求学生在实验过程中熟悉基本概念、实验目的、基本原理、实验方法、操作规程、注意事项等，并结合理论知识根据实验结果分析设备的磨损类型及成因等，从而判断机械设备的故障情况。

　　本书由华南理工大学卢小辉、谢小鹏编写，全书由卢小辉撰稿，谢小鹏审定。编写过程中得到了广州机械科学研究院冯伟高级工程师的支持与帮助，在此表示衷心的感谢。

　　由于编者水平有限，书中内容难免有疏漏和不当之处，敬请读者提出宝贵意见和建议。

编　者

2018 年 6 月

目　录

第一章　润滑油液分析实验基础知识 …………………………………… 1

第一节　油液分析技术概述 ………………………………………… 1

第二节　油液样品的采集 …………………………………………… 10

第三节　常用仪器的使用 …………………………………………… 13

第四节　实验数据处理 ……………………………………………… 24

第五节　实验室安全 ………………………………………………… 30

第二章　润滑油液理化指标分析实验 ………………………………… 36

实验一　润滑油液密度的测定(密度计法) ……………………… 36

实验二　润滑油色度的测定 ………………………………………… 40

实验三　润滑油液运动黏度的测定 ………………………………… 43

实验四　润滑油液倾点的测定 ……………………………………… 47

实验五　润滑油液闪点和燃点的测定 ……………………………… 51

实验六　润滑油液酸值的测定 ……………………………………… 55

实验七　润滑油液中水分的测定 …………………………………… 57

实验八　润滑油液氧化安定性的检测 ……………………………… 60

实验九　润滑油液铜片腐蚀性能的检测 …………………………… 64

实验十　润滑油液灰分的测定 ……………………………………… 68

实验十一　润滑油液机械杂质的测定 ……………………………… 71

实验十二　润滑油液残炭的测定 …………………………………… 74

实验十三　润滑油液水溶性酸或碱的测定 ………………………… 78

实验十四　润滑油液抗乳化性能的检测 …………………………… 81

实验十五　润滑油液抗泡沫特性的检测 …………………………… 85

第三章 润滑油液的润滑性能实验 ················· 88

　　实验一 润滑油液抗磨性能的检测 ················· 90

　　实验二 四球机法检测润滑油液的极压性能 ············· 93

　　实验三 梯姆肯法检测润滑油液的极压性能 ············· 97

第四章 润滑油液铁谱分析实验 ·················· 100

　　实验一 直读式铁谱实验 ····················· 100

　　实验二 分析式铁谱实验 ····················· 105

第五章 润滑油液光谱分析实验 ·················· 110

　　实验一 多元素油液分析光谱实验 ················· 110

　　实验二 润滑油碳型组成红外光谱分析实验 ············· 124

　　实验三 润滑油抗氧剂含量红外光谱分析实验 ············ 127

第六章 润滑油液污染度分析实验 ················· 131

　　实验一 显微镜法测定油液污染度实验 ··············· 131

　　实验二 自动颗粒计数器测定油液污染度实验 ············ 138

参考文献 ··························· 141

第一章 润滑油液分析实验基础知识

第一节 油液分析技术概述

油液分析技术也称为油液监测（oil monitoring）分析技术，是一门新型的综合性工程技术，是现代化工业不断发展的产物。在机械设备运转过程中，相对运动的摩擦副之间存在摩擦和磨损，为了降低摩擦、减少磨损、延长设备的使用寿命，要对设备的运转部位进行润滑，通常情况下是在机械设备中加入润滑油。润滑油相当于机械设备的"血液"，在机械设备中起着润滑、密封、冷却、减震、清洗和防腐等作用。润滑油在设备中的各个运动部位循环流动时，其本身也"藏污纳垢"，携带着机械加工产物和外来污染物，包括零部件的磨损颗粒、腐蚀产物，润滑油和添加剂经一系列物理化学变化而形成的胶质、沥青、油泥及热工机械燃料燃烧产物等，这些物质均与设备及润滑油的工作状态密切相关。油液分析就是通过对设备在用油的理化性能指标分析、油中磨损金属颗粒分析及污染产物的分析来获取设备摩擦副润滑和磨损状态的信息，从而对设备的润滑状态及磨损故障进行诊断。油液分析技术不仅能反映机械设备的润滑状况和磨粒信息，定量和定性地描述机械设备的磨损状态，评价其工作状态，实现在不停机的情况下实时监测的目的；而且还能揭示机械设备摩擦副的磨损机理，为改善机械设备的工作状况或改进机械设备的设计提供重要依据，达到预防性维修的目的。

油液分析技术除了在机械设备使用维护阶段非常重要外，在研发和生产阶段也十分重要。在研发阶段，通过对样机进行试验，掌握关键部位摩擦副的磨损情况来进行反馈调整；在生产阶段，制定合理的使用维护手册（磨合规范和换油周期等），对于提高产品竞争力非常重要。

油液分析技术包括对润滑油液理化性能的分析和油液中磨损微粒分析两个方面，是设备润滑管理与故障诊断的重要技术手段，广泛应用于钢铁、石化、能源、交通运输、建材、冶金等国家重要产业。油液分析可以保障机械设备正常、可靠地运行，提高设备的运行效率，并且能充分发掘设备的潜力和价值；还可以实现设备合理用油，防止润滑油劣化对设备造成的危害，指导合理换油，延长设备换油周期，实现设备的科学管理，节约能源，从而降低设备的运行成本，提高企业的经济效益。

油液分析技术主要有理化指标分析技术、铁谱分析技术、光谱分析技术和颗粒计数技术。油液理化指标分析可检测油液品质在设备运行过程中的变化，主要指标包括黏度、酸值、水分、闪点和燃点、机械杂质、铜腐蚀、抗乳化性等，是监测机械设备油液变化和磨损的最简单最直接的方法。铁谱分析和光谱分析用于对油液中所含磨损微粒的检测，根据结果判断零部件的磨损状况，从而诊断机械设备的运行状态。颗粒计数技术可检测油液中外侵物质的构成以及分布，除了获得对油液污染程度的评价，还能够判断机械设备的磨损速度。表1-1为油液分析技术各种方法的特点比较。

表1-1 油液分析技术各种方法的比较

油液分析技术	性能指标	优势	局限性	目标
理化指标分析	黏度、闪点、倾点、氧化、水分等	内容丰富，针对性强	速度慢	判断换油时间
铁谱分析	磨粒数量、尺寸、类型、颜色	磨粒分析的尺寸范围大，成本低	依赖操作人员的知识和经验	确认磨粒部位、类型、原因
光谱分析	磨粒化学元素及含量	灵敏度高，成分分析速度快	只能分析小磨粒（$0.1 \sim 10 \mu m$）	确认所含化学元素、可能故障源
颗粒计数	颗粒尺寸分布	快速监测早期磨损	不能识别颗粒类型和成分	确定油液污染度

一、理化指标分析技术

在实际应用过程中，设备因用油选型错误、新油质量问题、在用油品污染变质、油品理化性能劣化等原因所导致的润滑不良，往往是造成设备异常磨损故障的主要原因。设备的润滑状态好坏，主要是由油液的物理化学性能所决定。因此我们在油液监测分析工作中，必须对设备用油的理化性能进行检测，以判断设备的润滑状态是否符合设备的使用要求。

油液理化性能监测主要是通过对其理化性能指标的检测来实现。油液理化性能指标按其反映油品性能的特征，主要分为油液物理性能指标、油液化学性能指标和油液台架性能指标等三方面的内容。这些性能指标种类繁多，总数有百余种。其中油液理化性能的测试方法在国内外都已标准化，例如中国国家标准（GB/T）和美国材料与试验协会标准（ASTMD）都制定了相关标准，且基本上能互相通用。

了解和掌握油液理化性能分析技术的目的是开展基于油液理化性能分析的设备润滑磨损故障诊断和指导企业的设备润滑管理。润滑管理是设备管理的重要组成部分。设备的润滑故障诊断在一定程度上要比机械磨损故障诊断更为重要。因为设备的润滑故障往往是导致设备磨损故障的主要原因。要从根本上减少、避免设备的异常磨损，必须重视设备的润滑管理，加强油液的理化性能监测，使设备处于最佳润滑状态。目前国际上对机械设备油液监测诊断的系统观念也在不断发展，由早期的磨损故障诊断逐步过渡到设备润滑系统的全过程监测，而且更加重视监测和发现那些导致设备磨损故障的润滑隐患问题。这也是"标本兼治"的哲理在设备油液诊断领域的具体体现。

对润滑油的理化性能监测分析的目的主要有两点：一是检测新用油是否满足设备正常工作的需要，防止使用错误牌号的油品或劣质润滑油造成设备异常磨损；二是对设备在用油进行定期监测，判断润滑油是否可以继续使用，并通过理化指标的变换判断设备的运行状态，及时发现故障先兆，指导故障维修。反映油液物理化学性能的检测指标很多，从油液监测分析和润滑管理的角度，对设备润滑状态有着直接影响的油液物理化学性能指标主要有：黏度、密度、色度、水分、闪点和燃点、倾点、酸值、碱值、机械杂质、灰分、残炭、水溶性酸或碱、抗腐蚀性、抗氧化性、抗乳化性、抗泡沫性、抗磨性和极压性能等。

二、铁谱分析技术

铁谱分析技术是 20 世纪 70 年代涌现出的一种油液监测方法。铁谱分析技术在高强度、高梯度的磁场装置下将磨粒从润滑油中分离出来并沉积在玻璃基片上，对分离出来的磨粒进行定量和定性的分析，并将得到的磨粒信息用来判断机器的工作状态。铁谱分析主要包括以下四个方面：

（1）磨粒的数量（浓度）分析。定期从机器中提取在用润滑油，以定量的形式通过分析每次油样中磨粒数量（浓度）的变化来判断机器磨损状态的变化，一般绘制成定量参数随机器运转时间变化的磨损趋势图进行趋势分析。

（2）磨粒的尺寸（粒度）分析。通过分析每次油样中磨粒尺寸（粒度）大小及变化来判断机器的工况、磨损的严重程度。

（3）磨粒的类型（机理）分析。不同的磨损机理会产生不同形状的磨粒，通过分析异常磨粒的形状确定摩擦副正在发生的磨损类型，包括黏着磨损、磨粒磨损、疲劳磨损和腐蚀磨损等。

（4）磨粒的颜色（成分）分析。铁谱显微镜是双光源设计，通过采用不同的滤色镜片可以实现不同的光源颜色。当采用反射白光时，被照射磨粒反射的是磨粒原色，以确定磨粒的成分，进而确定什么材质的零件发生了异常磨损。

将磨粒从油液中分离出来主要采用铁谱仪。铁谱仪的种类很多，市场上常用铁谱仪有直读式与分析式两种。直读式铁谱仪只能定量测量磨粒的浓度，而不能对磨粒尺寸、类型和成分进行判别；分析式铁谱仪可以借助显微镜对磨粒的尺寸、颜色和类型进行分析。

三、光谱分析技术

光谱分析技术是最早应用于机械设备状态监测和故障诊断并取得成功的油液监测技术之一。它既可以有效地定测机械设备润滑系统中润滑油所含磨损颗粒的成分及其含量，也可以准确地检测润滑油中添加剂的状况，以及监测润滑油污染程度和衰变过程。因此，光谱分析技术已成为机械设备油液监测的最重要方法之一。

因原子的核外电子能级跃迁所吸收或辐射出光子的光谱，通常出现在紫外和可见光区，称作紫外和可见光谱。由分子的振动或转动能级跃迁所引起的光谱通常出现在红外区，称作红外光谱。纯转动能级的跃迁引起远红外及微波波谱，如表 1-2 所示。因此，在做原子级或元素的检测时，采用原子吸收或原子发射光谱技术，或总称原子光谱技术。在做分子级的检测时，采用红外光谱技术。油液监测充分利用了这两种不同特长光谱技术所覆盖的波段范围，捕捉物质原子、分子内部能级的变化，从油液中获取更多的必要信息。

表1-2 光谱与分子、原子能级的关系

X射线荧光光谱	紫外与可见光光谱	红外光谱	微波波谱
电子跃迁	电子跃迁	分子振动	分子转动

(一) 原子光谱分析技术

原子光谱分析技术是最早应用于设备状态监测和故障诊断的油液监测分析技术之一,它可以准确测定油样中所含各种磨粒和添加剂的成分及含量,据此可判断润滑油的污染程度和衰变状况,分析设备摩擦副的磨损情况,以正确判断设备异常和预测故障,为设备检修提供科学依据。原子光谱分析技术的原理是不同元素原子由于内部能量能级差不同导致其辐射光具有不同频率,即特征频率,只要检测到与该特征频率一致的光子及其数量,就可以计算出该元素是否存在以及该元素的含量。表1-3列出了润滑油磨粒元素的可能来源,根据该来源,可以初步判断故障部位。

表1-3 润滑油磨粒元素的来源

元素	来　源
Fe	轴承、阀门、摇臂、活塞环、轴承环、齿轮、安全杯、轴、锁圈、锁母、销子、螺杆
Al	衬片、垫片、垫圈、活塞、附属箱体、轴承保持架、行星齿轮、齿轮箱盖、轴承表面涂层
Cu	轴承、轴套、油冷器、齿轮、阀门、垫片、腐蚀造成铜冷却器的泄漏
Cr	镀铬表面层、密封环、轴承保持架、缸套镀层、盐腐蚀造成冷却器的泄漏
Zn	黄铜部件、氯代橡胶密封件、油脂、冷却系统泄漏、油添加剂
Mg	飞机发动机壳体材料、部件架、油中进入海水、油添加剂
Ag	镀银轴承保持架、柱塞泵、齿轮、主轴与柴油发动机的活塞销表面镀层、银制部件
Pb	轴承合金材料、焊料、密封件、漆料、油脂
Ti	发动机支承段、压缩机盒、燃气轮机叶片
Sn	轴承合金材料、存套材料、活塞销、活塞环、油封、焊料
Ni	轴承合金材料、燃气轮机叶片、阀门材料
Na	冷却系统泄漏、油脂、海运设备进水
Si	空气带进尘土、密封件、添加剂
B	空气带进尘土、密封件、冷却系统泄漏
Ba	添加剂、油脂、水泄漏
Mo	活塞环、电动发动机、添加剂
Ca	添加剂、油脂、海运设备进水
P	添加剂、磷酸酯润滑油、冷却系统泄漏
Sb	轴承合金、油脂
Mn	阀、喷油嘴、排气和进气系统

根据激发原子的方式不同，原子光谱分析技术可分为原子吸收光谱技术和原子发射光谱技术两种。由于原子吸收光谱分析技术在使用前必须对油样进行预处理，且不能分析大于 $5\mu m$ 的磨粒，因此在油液监测时常用的是原子发射光谱技术。原子发射光谱技术由光源提供能量，使油样蒸发、形成气态原子并进一步使气态原子激发而产生光辐射，将光源发出的复合光经分光器件（如光栅）分解成按频率高低顺序依次排列的谱线，形成光谱，再用检测器检测光谱中谱线的波长和强度。由于待测元素原子内部的能量能级差不同，因此发射谱线的特征频率不同，据此可对油样进行定性分析；根据待测元素原子的浓度不同而发射强度不同，可检测到光子数目的不同，进而实现元素的定量测定。

原子发射光谱技术具有操作简便、不需要对油样进行预处理等特点，可以准确快速测定油样中各元素成分及含量；根据设备内部一些特殊零部件含有的特殊元素，还可以准确判断故障发生的部位和原因，从而确定设备的工况和磨损状态。但是，原子光谱分析技术对较大磨粒，特别是大于 $10\mu m$ 的磨粒无法检测，而较大磨粒恰恰是反映设备异常磨损的重要信息来源，因此在油液分析技术中原子光谱分析技术常用于不会产生较大磨粒设备的长期监测，或与其他技术配合使用，确定其他方法难以判断的磨粒种类和含量。

（二）红外光谱分析技术

红外光谱分析技术是在分子级结构上对物质成分和数量进行检测，其原理是利用一束具有连续波长的红外光照射油样时，某些波长的辐射被油样选择吸收而减弱，并被转变为分子振动和转动内能。不同分子具有不同的振动和转动内能，根据某些物质的特征吸收位峰值、数目及相对强度，就可以推断出油样中存在的官能团，确定其分子结构并可以判断其含量。通过红外光谱分析技术比较新旧油品间吸收峰峰位与峰高，可以定性和定量地判断油品和添加剂是否发生了变化，以及变化的类型和程度。例如可检测润滑油中的积炭、氧化物、水分、乙二醇等化合物存量，并可检测油品的硝化和硫化、燃油稀释等情况，以判断润滑油的衰变和污染程度。

与其他油液监测技术相比，红外光谱分析技术操作相对简单，仪器自动化程度较高，并且可以迅速而容易地分析出油品劣化和污染状态。与同属于润滑剂分析范畴的常规理化分析相比，其具有很大优势。理化分析主要从油液的物理化学参数予以表征其状态，其定值数据只是反映了油液性能变化的宏观表示，没有涉及油液内不同分子结构物质的变化内因，例如，通常积炭、灰分、尘土、磨粒等使润滑油黏度上升，而水和燃油等使黏度下降，理化性能测试只能相对静态地进行黏度测试，如果两方面因素同时出现而恰好变化又相同，那么油样黏度是否真正发生改变，或者是否发生了单一因素的改变，依靠常规理化分析无法判别，而红外光谱分析则可以实现这一目标，动态地检测黏度，找出油样黏度变化的真正原因。

红外光谱定量分析的基本原理和过程如下。

1. 定量原理

润滑油红外光谱特征性强，可以通过润滑油添加剂的特征光谱采用单组分工作曲线法实现润滑油添加剂的类型鉴别和定量分析。工作曲线的基本依据是朗伯－比尔定律，其物理意义如图 1－1 所示，当一束平行单色光垂直通过某一均匀非散射的吸光物质时，其吸光物质

的红外光谱吸收强度 A 与吸光物质的浓度 c 及吸收层厚度（光程）l 成正比，即

$$A = \lg(I_0/I) = \lg(1/T) = Klc \qquad\qquad (1-1)$$

式中，A 为吸光强度，无单位；I_0 为入射光强度；I 为透射光强度；T 为透光度；l 为吸收介质的厚度或称光程（cm）；c 为吸收物质的浓度（g/mL 或 mol/mL）；K 为吸收系数或摩尔吸收系数，其单位与 c 采用的单位有关，c 以 g/mL 为单位时，K 的单位为 mL/（g·cm），c 以 mol/mL 为单位时，K 的单位为 mL/（mol·cm）。

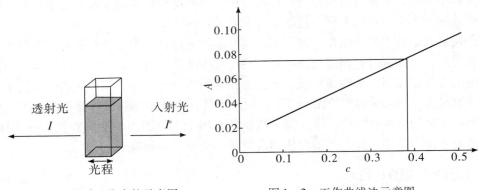

图 1-1　物质吸收光的示意图　　　图 1-2　工作曲线法示意图

在给定条件下（光程 l 固定），A 与 c 呈线性关系，即 $A = Klc$，示意如图 1-2 所示。根据此关系，通常采用工作曲线法进行定量分析。

2. 基本过程

第一步：基础油样品的准备。基础油样品的选择非常关键，直接影响背底光谱。理想的基础油样品为与待测样本化学组成完全一致的样品，背底光谱对分析影响最小。如果无法选择理想的基础油样品，可以选择待测润滑油的基础油或者对待测组分无干扰同时与待测样品组成近似的样品作为基础油样品。

第二步：标准样品的配制。根据实际使用过程中待测组分含量的范围，在基础油样品中按一定浓度间隔，配制一系列的不同浓度的标准样品。标准样品数目至少 5 个。

第三步：标准样品的红外光谱的测定。根据红外光谱仪器使用说明书，在仪器状态稳定时，设定光谱测定参数，测定标准样品的红外光谱。

第四步：工作曲线的绘制。根据待测组分的红外光谱特征吸收特点，确定合适的特征吸收峰，并经过合适基线方法处理，读取该吸收峰的吸光度或面积作为变量，绘制浓度与变量的工作曲线，如图 1-2 所示。

第五步：工作曲线的应用。在实际待测样品测试时，按照第三步的测定参数测定红外光谱，并采用第四步读取的待测样品的吸光度或面积，利用所建立的工作曲线，计算待测样品的浓度。

实际使用时，在相同条件下，测定待测样品的红外光谱，选用相同的特征峰，并经过相同的基线处理，计算待测样品的吸光度或面积，最后根据吸光度或面积的工作曲线，确定待测组分的含量。

四、油液污染度分析

设备油液的污染物来源于三个方面：系统内原有的污染物（潜在污染）、系统运转产生的污染物（再生污染）、外界侵入的污染物（侵入污染）。这些污染物主要是固体颗粒，如金属磨粒与砂粒，其他的污染物还有微量水、气体、化学物质及微生物。油液的污染程度用污染度表示，即单位容积油液中固体颗粒污染物的含量，也称为油液中所含固体颗粒污染物的浓度。颗粒污染物的种类如表1-4所示。

表1-4 颗粒污染物的种类

磨粒类型	基本种类	来源
黑色金属磨粒	正常磨损磨粒、磨合磨损磨粒、切削磨损磨粒、滚动疲劳磨损磨粒、滚滑复合磨损磨粒、严重滑动磨损磨粒	磨损
有色金属磨粒	白色有色金属磨粒、铜合金磨粒、铅-锡合金磨粒	磨损，设备内部加工残留
氧化金属磨粒	红色氧化铁磨粒、黑色氧化铁磨粒、暗金属氧化物磨粒、腐蚀磨损磨粒	磨损、腐蚀
润滑产物微粒	摩擦聚合物微粒、纤维物微粒、积炭微粒和油渣微粒	油品氧化，设备检修、加注油品时引入
外界污染颗粒	灰尘、细砂、金属粉尘、煤屑、石棉纤维、滤清器材料、密封件碎屑	设备检修、加注油品时引入

（一）颗粒计数分析技术

随着电子技术的发展，颗粒计数技术在油液污染分析中应用日益广泛，成为油液监测分析手段之一。它具有计数速度快、准确度高和操作简便等优点。利用颗粒计数技术测试油液的污染度，主要有三种方式：显微镜计数法、显微镜对比法以及自动颗粒计数法。目前应用的自动颗粒计数器按原理区分有遮光型、光散型和电阻型等三种类型。其中，遮光型颗粒计数器是目前应用最广泛的一种。

遮光型颗粒计数器的核心部件是遮光型传感器，由光源发出的平行光束被传感器接收，当油样从两者之间流过时，部分光被颗粒遮挡，导致传感器接收到的光强发生变化，变化量与颗粒的投影面积成正比，将接收到的变化幅值传输到计数器的模拟比较器与预先设定的阈值进行比较，大于阈值时就进行一次计数，从而根据计数次数得出磨粒数目。如果计数器设为多通道，每个通道设定不同的阈值，分别对应不同尺寸的磨粒区间，则计数器就可以同时测定不同尺寸范围内的颗粒数。

颗粒计数器设备操作简单，计数速度快，准确度高，且设备携带方便，非常适用于现场监测。如果配合依照国标规定制成的污染度等级数据库，还可以实现在线监测，只需要直接从旁路出口将油引入颗粒计数器，将测量结果与设备内部数据库对比后即可得出结论，同时将油再从出口导入设备润滑油线路。由于润滑油未经任何处理，依然可以继续使用，这样就完全省去了取样的过程，真正实现了即时在线监测。

（二）油液污染度的等级标准

为了定量地描述和评定系统油液的污染程度，实施对系统油液的污染控制，有必要制定油液污染度的等级标准。随着颗粒计数技术的发展，目前已广泛采用颗粒污染度的表示方法。世界各主要工业国家以至各个工业部门都制定了各自的油液污染度等级标准。近年来，各国趋向采用 NAS1638 标准和国际标准化组织统一制定的 ISO4406—87 两种油液污染度等级标准。

1. NAS1638 污染度等级标准

NAS1638 污染度等级标准是由美国航天学会在 1964 年提出的。它源自 20 世纪 60 年代美国对飞机液压系统污染控制的需求。它根据 5 个颗粒尺寸范围将污染度分为 14 个等级，如表 1 – 5 所示。从表中可看出，每个尺寸段的颗粒浓度有一个固定的范围，相邻两个等级颗粒数量之比为 2。如果油液污染度超过表中 12 级，可以这个比值外推确定其污染度等级。根据实测的颗粒在 5 个尺寸段的尺寸分布，得到 5 个对应的油样污染度等级，最高级别即为该油样的污染度值。

表 1 – 5　NAS1638 污染度等级代码　　　　　　　　　单位：颗粒数/100mL

污染度等级代码	颗粒尺寸范围（μm）				
	5 ~ 15	15 ~ 25	25 ~ 50	50 ~ 100	> 100
00	125	22	4	1	0
0	250	44	8	2	0
1	500	89	16	3	1
2	1 000	178	32	6	1
3	2 000	356	63	11	2
4	4 000	712	126	22	4
5	8 000	1 425	253	45	8
6	16 000	2 850	506	90	16
7	32 000	5 700	1 012	180	32
8	64 000	11 400	2 025	360	64
9	128 000	22 800	4 050	720	128
10	256 000	45 600	8 100	1 440	256
11	512 000	91 200	16 200	2 880	512
12	1 024 000	182 400	32 400	5 760	1 024

NAS1638 标准是根据 20 世纪 60 年代飞机液压系统润滑油内的固体颗粒分布统计特征制定的。随着高效精细过滤器的应用，液压系统润滑油中固体颗粒的分布已不再具备当时使用粗过滤器时的颗粒尺寸特征。特别是大于 $15\mu m$ 的大颗粒减少，导致大颗粒尺寸段的设定毫无必要，因此国际标准化组织制定了只有两个尺寸段（$5\mu m$ 以上和 $15\mu m$ 以上）的 ISO4406—87。

2. ISO4406—87 污染度等级标准

ISO4406—87 污染度等级标准（如表 1-6 所示）采用两个颗粒尺寸即 $5\mu m$ 和 $15\mu m$ 作为监测污染度的特征粒度。这是因为，一般认为 $5\mu m$ 左右微小颗粒的浓度是引起流体系统淤积和堵塞故障的主要因素；而大于 $15\mu m$ 的颗粒浓度对元件的污染磨损起着主导作用。以这两个尺寸的颗粒数量作为制定等级的依据，可比较全面反映不同大小的颗粒对系统的影响。因此，ISO4406—87 污染度等级标准以两个数码代表油液的污染度等级。前面的数码代表每 mL 油液中尺寸大于 $5\mu m$ 的颗粒数等级，后面的代码代表每 mL 油液中尺寸大于 $15\mu m$ 的颗粒数等级，两个数码用一斜线分隔，例如 ISO16/13。

表 1-6 ISO4406—87 污染度等级代码

污染度等级代码	每 mL 颗粒数		污染度等级代码	每 mL 颗粒数	
	大于	上限值		大于	上限值
24	80 000	160 000	11	10	20
23	40 000	80 000	10	5	10
22	20 000	40 000	9	2.5	5
21	10 000	20 000	8	1.3	2.5
20	5 000	10 000	7	0.64	1.3
19	2 500	5 000	6	0.32	0.64
18	1 300	2 500	5	0.16	0.32
17	440	1 300	4	0.08	0.16
16	320	640	3	0.04	0.08
15	160	320	2	0.02	0.04
14	80	160	1	0.01	0.02
13	40	80	0	0.005	0.01
12	20	40	0.9	0.002 5	0.005

3. ISO4406—1999 污染度等级标准

根据新的颗粒计数标定标准 ISO11171，国际标准化组织于 1999 年制定了新的固体颗粒污染度标准，即 ISO4406—1999，以替代 ISO4406—87。ISO4406—1999 使用三位码。新增的

第一位码表示大于 $4\mu m$ 颗粒等级；第二位码表示大于 $6\mu m$（对应原来大于 $5\mu m$）颗粒等级；第三位码表示大于 $14\mu m$（对应于原来大于 $15\mu m$）颗粒的等级。新增的第一位码的数值是旧的第一位码数值加 2。例如，新的 ISO18/16/13 相当于旧的 ISO16/13。

第二节　油液样品的采集

油液检测样品的采集即油液取样，是油液检测分析工作的重要组成部分。获取正确油样，可以得到表征油液性能变化和设备磨损状况的真实信息，为设备故障诊断与决策提供科学的依据。因此，必须根据设备的特点，制定设备油液取样的操作规范。

油液取样应根据不同设备的结构、监测分析目的、使用状况，明确取样范围、取样位置、取样时机、取样时间间隔、取样数量、取样种类、取样方法及步骤、取样瓶、取样记录、取样标签，以及取样注意事项，使取样工作规范化、标准化，以保证所取油样具有代表性和真实性。

一、取样范围

设备油液检测的取样，可以根据设备监测目的的不同，分为正常取样与特殊取样两种情况。

1. 正常取样

正常取样是定期取设备在用油样，目的是测定设备油液系统中金属微粒含量的变化趋势、在用油液的质量变化，预测设备故障以及使用油液质量状况。

2. 特殊取样

特殊取样的目的是检查、验证设备发生故障或事故以及使用油液的质量变化。在下列情况需要随时进行取样：
①设备润滑油系统完成维修后或换上新的运转零部件后；
②设备偶然发生破坏性故障，又不知道原因；
③设备在运行时，出现大的振动或杂音；
④设备在运转过程中，出现润滑油系统故障，如润滑油系统损坏、润滑油消耗量大、润滑油压力波动或为零；
⑤设备突然自动停运；
⑥润滑油中有肉眼可见的金属碎屑；
⑦润滑油过滤器堵塞；
⑧润滑油变色、浑浊、发黑、分层、有羽状物。

二、取样

设备油液监测分析的油样应按取样规定由专人负责获取。

1. 取样瓶与取样工具

润滑油取样瓶为洁净的 100mL 塑料瓶，它与取样管均为一次性使用品；取样工具为真空取样器。

2. 取样数量

常规情况下不少于 30mL，取样后将瓶盖盖好。特殊情况，根据检测项目另定。

3. 取样时间

必须在设备停止工作后 30min 内和补加润滑油前进行取样。

4. 取样登记

取润滑油样后，应认真填写取样卡片和润滑油瓶上的标签，包括：设备号、采样部位、油样牌号、取样日期、设备及润滑油工作时间、润滑油牌号、取样原因等参数。

5. 取样方法

目前取样方法有三种，即取样阀取样、取样泵取样和吸管取样。根据设备的结构、取样的方便程度和经费状况，自行选择取样方法。

（1）取样阀取样如图 1-3 所示，其操作流程如下：

A. 找到设备取样阀位置；

B. 打开取样瓶盖，将瓶盖放置在合适的地方，以免污染瓶盖；

C. 打开取样阀并放掉一些油，以冲掉取样阀出口处堆积的沉积物及管路中的残留油；

D. 将取样瓶放置于取样阀下（注意：不允许取样瓶口与取样阀接触），油液装满到取样瓶的 3/4 处，关闭取样阀；

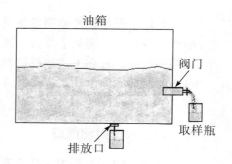

图 1-3 取样阀取样

E. 盖紧取样瓶盖，防止泄漏（在盖取样瓶盖之前，禁止用任何物品擦拭取样瓶）；

F. 按规定要求认真填写取样瓶上的标签，做好取样记录。

（2）取样泵取样如图 1-4 所示，其操作流程如下：

A. 确定取样位置；

B. 检查油面高度，根据不同的设备，选择取样管的最佳长度（取样管吸口应处于油箱液面高度一半略下）；

C. 打开取样瓶盖，并将取样瓶口旋紧在取样泵上，同时将吸油管安装在取样泵上；

D. 将吸油管的另一端插入油箱中，拉动取样泵的活塞杆，从装备油液系统中抽取油液；

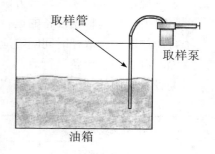

图 1-4 取样泵取样

E. 反复拉动取样泵的活塞杆，将油吸入取样瓶中，直到油液装满到取样瓶的 3/4 处；

F. 将取样瓶从取样泵的泵体上拧下，盖好取样瓶盖；

G. 按规定要求认真填写取样瓶上的标签，做好取样记录。

（3）吸管取样如图 1-5 所示，其操作流程如下：

A. 打开装备油箱口盖；

B. 拧开取样瓶盖，将瓶盖放置在合适的地方，以免污染瓶盖；

C. 使用一根长度与直径合适的塑料管作为吸管，将其插入油箱；

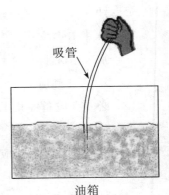

吸管

油箱

图 1 – 5　吸管取样

D. 让吸管一端充满一段油液后，用拇指按住吸管的上端口，拔出吸管，将吸管下端放进取样瓶，松开手指，让存于吸管下端的油液流入瓶中。如此反复操作，让油液装满到取样瓶的 3/4 处（不允许用嘴吸取样管取油）；

E. 盖紧取样瓶盖并拧紧，盖好油箱盖；

F. 按规定要求认真填写取样瓶上的标签，做好取样记录。

三、取样位置

取样位置是指被监测设备具体的润滑油取样部位。一般选在设备油液系统摩擦副之后、油液过滤装置之前某个位置。通常在设备的油箱加油口、放油口、专用放油阀处，根据放油的难易程度，可在上述取样口自行选择。对于循环油路来说，取样部位宜在回油管路、经过过滤器之前的地方；对于非循环油路，一般在停机后半小时之内取样，而且要在稍低于整个油箱一半的高度取样。

四、取样时间间隔

取样时间间隔是指在设备寿命期内连续获取油样的时间间隔。制定最佳取样时间间隔是非常重要的，若取样时间间隔太长，不能及时发现设备可能损坏的危险期；若取样时间间隔太短，取样频繁，浪费人力与物力。取样时间间隔根据设备的状况及特点与取样分析的目的确定，不同的设备、不同的磨损状态，最佳取样时间间隔不同。目前，对取样时间间隔没有统一规定，可以采用两种方法确定。一种是采用设备使用寿命的 5% ~20% 作为取样时间间隔。另一种是根据设备的运行状况确定，在设备运行磨合期内，由于装配时残留物与初期磨合产物较多，取样时间间隔应短些；设备进入正常运行期，各摩擦副磨损平稳，取样时间间隔可以长些；设备运行后期，由于磨损剧烈，取样时间间隔要短些。取样时间间隔还可以根据设备使用的情况，随时加以修改。表 1 – 7 为取样时间间隔参考值。

表 1 – 7　取样时间间隔参考值　　　　　　　　　　　　　　单位：h

监测机械设备类型	磨合阶段	正常磨损阶段	剧烈磨损阶段
地面液压系统	80	200	80
煤矿井下液压系统	20	50	20
地面传动装置	100	300	100
煤矿井下传动装置	30	100	30
重型燃气轮机	—	250 ~ 500	—

（续表）

监测机械设备类型	磨合阶段	正常磨损阶段	剧烈磨损阶段
柴油机	—	200	—
蒸汽轮机	—	250 ~ 500	—
飞机燃气轮机	—	50	—

五、取样注意事项

（1）为防止取样工具被污染，取样器、取样瓶、取样管应置于清洁的取样箱中。

（2）为防止油样间的交叉污染，取样瓶、取样管为一次性使用品。

（3）若必须在刮风、下雨时取样，应采取防风、防雨措施，以免油样中进入砂粒与水分。

（4）若在放油口或专用放油阀处取样，应先放掉一段不参与循环的死油；若油箱有进口过滤器时，则在过滤器底部位置取样，但取样管不准接触过滤器。

（5）按取样要求取足量油样，以便完成油样各项指标的检测与分析；不宜将油样装满而污染取样瓶上的取样标签。

（6）不要戴棉织或纤维手套，以免污染油样。

（7）妥善保管好取样瓶盖，使其不受污染；取完油样后，将瓶盖盖紧，以防油样溢出。

（8）取完油样后，认真、准确地做好取样记录和填好油样瓶标签上的各项内容。

第三节　常用仪器的使用

一、玻璃仪器

润滑油液分析实验中经常使用玻璃仪器，这是由于玻璃具有很高的化学稳定性、热稳定性、很好的透明度、良好的绝缘性能和一定的机械强度。玻璃原料来源方便，可用多种方法按需制成各种不同形状的产品。

（一）常用的玻璃仪器

油液分析实验室所用到的玻璃仪器种类很多，常用的玻璃仪器如表 1 - 8 所示。

表1-8　常用的玻璃仪器

仪器	规格及表示法	一般用途	使用方法和注意事项
试管	有刻度的按容积（mL）分；无刻度的用管口直径×管长（mm）表示，如硬质试管 10mm×75mm。试管分普通试管、硬质试管、软质试管。普通试管又有翻口、平口，有支管、无支管，有塞、无塞等几种	用作少量试液的反应容器，便于操作和观察	（1）所盛液体不超过试管容积的 1/2，加热时不超过 1/3。 （2）加热前试管外面要擦干，加热时应用试管夹夹持。 （3）加热液体时，管口不要对人，并将试管倾斜与桌面成 45°，同时不断振荡，火焰上端不能超过管里液面。 （4）离心管只能用于水浴加热。 （5）硬质试管可以加热至高温，但不宜骤冷，软质试管在温度急剧变化时极易破裂。 （6）一般大试管直接加热，小试管用水浴加热。 （7）加热后的试管应用试管夹夹好悬放于架上
烧杯	以容积（mL）表示。有一般型、高型，有刻度和无刻度等几种	（1）反应容器，尤其在反应物较多时用，易混合均匀。 （2）用作配制溶液时的容器或简易水浴的盛水器	（1）反应液体不能超过烧杯用量的 2/3。 （2）加热时放在石棉网上，使其受热均匀。 （3）刚加热后不能直接置于桌面上，应垫以石棉网
锥形瓶	以容积（mL）表示，有有塞、无塞，广口、细口和微型等几种	（1）反应容器，加热时可避免液体大量蒸发。 （2）振荡方便，用于滴定操作	（1）反应液体不能超过锥形瓶容量的 2/3。 （2）加热时放在石棉网上，使其受热均匀。 （3）刚加热后不能直接置于桌面上，应垫以石棉网。 （4）磨口三角瓶加热时要打开瓶塞
表面皿	以直径（cm）表示	（1）盖在烧杯或者漏斗上，以免液体溅出或灰尘落入。 （2）存放待干燥的固体	不能用火直接加热，直径要略大于所盖容器

（续表）

仪器	规格及表示法	一般用途	使用方法和注意事项
量筒　量杯	以所能量度的最大容积（mL）表示。上口大、下口小的叫量杯	量取一定体积的液体	（1）不能作为反应容器，不能加热，不可量热的液体。 （2）读数时视线应与液面水平，读取与弯月面最低点相切的刻度
烧瓶	有平底和圆底之分，以容积（mL）表示。有普通型和标准磨口型两种。磨口的还以磨口标号表示其口径大小	（1）圆底烧瓶：常温或加热条件下作反应容器，因圆形受热面积大，耐压大。 （2）平底烧瓶：配制溶液或代替圆底烧瓶，还可作洗瓶，它不耐压，不能用于减压蒸馏	（1）盛放液体量不能超过烧瓶容量的2/3，也不能太少。 （2）固定在铁架台上，下垫石棉网加热，不能直接加热。 （3）放在桌面上时，下面要有木环或石棉环，以防滚动而打破
容量瓶	以容积（mL）表示，分量入式（In）和量出式（Ex）	配制准确体积的标准溶液或被测溶液	（1）不能烘烤，也不能直接用火加热。 （2）不能在其中溶解固体。 （3）容量瓶是量器，不是容器，不宜长期存放溶液。 （4）容量瓶与磨口塞要配套使用
细口瓶　广口瓶	以容积表示，有广口瓶、细口瓶两种，又分磨口、不磨口，无色、棕色等	（1）广口瓶盛放固体试剂。 （2）细口瓶盛放液体试剂和溶液	（1）不能直接加热。 （2）取用试剂时，瓶盖应倒放在桌上，不能弄脏、弄乱。 （3）有磨口塞的试剂瓶不用时应洗净，并在磨口处垫上纸条。 （4）盛放碱液时用橡皮塞，防止瓶塞被腐蚀粘牢。 （5）有色瓶盛见光易分解或不太稳定的物质的溶液或液体
滴瓶	以容积（mL）表示，分无色、棕色两种	盛放液体试剂和溶液	（1）不能加热。 （2）棕色瓶盛放见光易分解或不稳定的试剂。 （3）取用试剂时，滴管要保持垂直，不接触接受容器内壁，不能插入其他试剂中

仪器	规格及表示法	一般用途	使用方法和注意事项
称量瓶	分矮型、高型，以外径×高表示。	要求准确称取一定量的固体样品时用，矮型用作测定水分或在烘箱中烘干基准物；高型用于称量基准物、样品	（1）不能直接用火加热。 （2）盖与瓶要配套，不能互换。 （3）不可盖紧磨口塞烘烤
蒸发皿	以容积表示	用于蒸发、浓缩液体	不宜骤冷
研钵	厚料制成，规格以钵口径表示	研磨固体物质	（1）不能做反应容器。 （2）只能研磨，不能敲击。 （3）不能烘烤
滴定管 （a）　（b）	滴定管分酸式（a）、碱式（b）两种，以容积（mL）表示；管身颜色为棕色或无色	用于滴定操作或者精确量取一定体积的溶液	（1）用前洗净，装液前用预装溶液淋洗三次。 （2）酸管滴定时，用左手开启旋塞，碱管用左手轻捏橡皮管内玻璃珠，溶液即可放出。碱管要注意赶净气泡。 （3）酸管旋塞应擦凡士林，碱管下端橡皮管不能用洗涤液洗。 （4）酸管、碱管不能对调使用。 （5）酸液放在具有玻塞的滴定管中，碱液放在带橡皮管的滴定管中。 （6）滴定管要洗净，溶液流下时管壁不得挂有水珠。活塞下部要充满液体，全管不得留有气泡。 （7）滴定管用后应立即洗净。 （8）不能加热及量取热的液体，不能用毛刷洗涤内管壁
漏斗	以口径（cm）和漏斗颈长短表示；有短颈、长颈、粗颈、无颈等几种	（1）过滤。 （2）引导溶液入小口容器中。 （3）粗颈漏斗用于转移固体	（1）不能用火直接灼烧。 （2）过滤时，漏斗颈尖端必须紧靠承接滤液的容器壁。 （3）用长颈漏斗加液时斗颈应插入液面内

（续表）

仪器	规格及表示法	一般用途	使用方法和注意事项
移液管	以所量度的最大容积（mL）表示	用于精确量取一定体积的液体	不能加热
分液漏斗	以容积（mL）、漏斗颈长短表示。有梨形（a）、球形（b）等几种	（1）分离两种不混溶的液体。 （2）用溶剂从溶液中萃取某种成分。 （3）用溶剂从混合液中提取杂质，达到洗涤的目的	（1）磨口塞要原配，不可加热。 （2）加入全部液体的总体积不得超过漏斗容积的3/4。 （3）分液时上口塞要接通大气（玻塞上侧槽对准漏斗上端口径上的小孔）
冷凝管	以外套管长（cm）表示，分直形（a）、球形（b）、蛇形（c）等几种	（1）蒸馏操作中作冷凝用。 （2）球形冷凝管冷却面积大，适用于加热回流。 （3）直形冷凝管用于液体沸点低于140℃的蒸馏	（1）装配仪器时，先装冷却水橡皮管，再装仪器。 （2）套管的下面支管进水，上面支管出水。开冷却水需缓慢，水流不能太大
蒸馏头	磨口仪器，以口径表示	（1）蒸馏头（a）用于简单蒸馏，上口装温度计，支管接冷凝管。 （2）克式蒸馏头（b）用于减压蒸馏，特别是易发生泡沫或暴沸的蒸馏。正口安装毛细管，带支管的瓶口插温度计	（1）磨口按标准磨口配套使用。 （2）磨口处需洁净，不得有脏物。 （3）注意不要让磨口结死，用后立即洗净

仪器	规格及表示法	一般用途	使用方法和注意事项
接引管	以口径大小表示	（1）用于引导馏液。 （2）二叉接引管用于收集不同馏分又不中断的蒸馏	磨口按标准磨口配套使用
分水器	以口径大小表示	接收回流蒸汽冷凝液，并将冷凝液中水分从有机物中分出	磨口按标准磨口配套使用
（a）　（b） 干燥器	以内径（cm）表示，分普通（a）、真空干燥（b）两种。	（1）内放干燥剂。存放物品，以免物品吸收水汽。 （2）定量分析时，将灼烧过的坩埚放在其中冷却	（1）灼烧过的物品放入干燥器前，温度不能过高，并在冷却过程中要每隔一定时间开一开盖子，以调节器内压力。 （2）干燥器内的干燥剂要按时更换。 （3）小心盖子滑动而打破
温度计	按量程分，如100℃、200℃、300℃等	用于反应液温度或沸点的测定	用完后不可马上用冷水冲洗

（二）玻璃仪器的洗涤

在润滑油液分析中，洗净玻璃仪器不仅是实验前必须做的一项准备工作，也是一个技术性的工作。玻璃仪器是否洁净，对检测结果的准确和精密度有直接影响。因此，玻璃仪器的洗涤是润滑油液分析中一项重要的内容。

1. 洗涤液的选择

洗涤玻璃仪器时，应根据实验要求、污染的性质及污物程度，合理选用洗涤液。实验室常用的洗涤液有以下几种。

（1）水。

水是最普通、最廉价、最易得的洗涤液，可用来洗涤水溶性污物。

（2）热肥皂液和合成洗涤剂。

这是实验室常用的洗涤液，洗涤油脂类污垢效果较好。

（3）铬酸洗涤液。

铬酸洗涤液具有强酸性和强氧化性，适用于洗涤有无机物污垢和器壁残留少量油污的玻璃仪器。用洗液浸泡有污垢的仪器一段时间，洗涤效果更好。洗涤完毕，用过的洗涤液要回收在指定的容器中，不可随意乱倒。此洗涤液可重复使用，当其颜色变绿时即为失效。该洗涤液要密闭保存，以防吸水失效。

（4）碱性 $KMnO_4$ 溶液。

该洗涤液能除去油污和其他有机污垢。使用时将其倒入需要清洗的仪器，浸泡一会儿后再倒出，但会留下褐色 MnO_2 痕迹，须用盐酸或草酸将洗涤液洗去。

（5）有机溶剂。

乙醇、乙醚、丙酮、汽油、石油醚等有机溶剂均可用来洗涤各种油污。但有机溶剂易着火，有的甚至有毒，使用时应注意安全。

（6）特殊洗涤液。

一些污物用一般的洗涤液不能除去，可根据污物的性质，采用适当的试剂进行处理。如：硫化物污垢可用王水溶解；沾有硫黄时可用 Na_2S 处理；AgCl 污垢可用氨水或 $Na_2S_2O_3$ 处理。

一般方法很难洗净的有机污物，可用乙醇－浓硝酸溶液洗涤。先用乙醇润湿器壁并留下约 2mL，再向容器内加入 10mL 浓硝酸静置片刻，立即发生剧烈反应并放出大量的热，反应停止后用水冲洗干净。此过程会产生红棕色的 NO_2 有毒气体，必须在通风橱内进行。

注意：绝不可事先将乙醇和硝酸混合！

2. 洗涤的一般程序

（1）对于水溶性的污物，一般可以直接用水冲洗，冲洗不掉的物质，可以选用合适的毛刷刷洗，如果毛刷刷不到，可用碎纸捣成糊浆，放进容器，剧烈摇动，使污物脱落，再用水冲洗干净。

（2）对于那些无法用普通水洗方法洗净的污垢，需根据污垢的性质选用适当的试剂，通过化学方法除去。

用上述方法洗去污物后的仪器，还必须用自来水和蒸馏水冲洗数次后才能洗净。

玻璃仪器洗净的标准：已洗净的玻璃仪器应该是清洁透明的，其内壁被水均匀地湿润。凡已洗净的仪器，内壁不能用布或纸擦拭，否则布或纸上的纤维及污物会沾污仪器。

3. 洗涤方法

洗涤玻璃仪器时，可采用下列几种方法。

（1）振荡洗涤。

振荡洗涤又叫冲洗法，是利用水把可溶性污物溶解而除去。往仪器中注入少量水，用力振荡后倒掉，依此连续洗数次。试管和烧瓶的振荡洗涤如图 1－6 和图 1－7 所示。

图 1－6　试管的振荡　　　　　图 1－7　烧瓶的振荡　　　　　图 1－8　试管的刷洗

（2）刷洗法。

仪器内壁有不易冲洗掉的污物，可用毛刷刷洗。先用水湿润仪器内壁，再用毛刷蘸取少量肥皂液等洗涤液进行刷洗。试管的刷洗方法如图 1-8 所示。刷洗时要选用大小合适的毛刷，不能用力过猛，以免损坏仪器。

（3）浸泡洗涤。

对不溶于水、刷洗也不能除掉的污物，可利用洗涤液与污物反应转化成可溶性物质而除去。先把仪器中的水倒尽，再倒入少量洗涤液，转几圈使仪器内壁全部润湿，再将洗涤液倒入洗涤液回收瓶中。注：用洗涤液浸泡一段时间效果更好。

（三）玻璃仪器的干燥

实验室中往往需要洁净干燥的玻璃仪器，将玻璃仪器洗涤干净后，要采取合适的方法对玻璃仪器进行干燥。玻璃仪器的干燥一般采取下列几种方法。

（1）晾干。

对于不急于使用的仪器，洗净后将仪器倒置在格栅板上或实验室的干燥架上，让其自然干燥。倒置可以防止灰尘落入，但要注意放稳仪器。

（2）烤干。

烤干是通过加热使仪器中的水分迅速蒸发而干燥的方法。加热前先将仪器外壁擦干，然后用小火烘烤。烧杯等放在石棉网上加热，烤干前应擦干仪器外壁的水珠。试管用试管夹夹住，在火焰上来回移动，试管口略向下倾斜，以免水珠倒流炸裂试管。烤干时应先从试管底部开始，慢慢移向管口，直至除去水珠后再将管口向上赶尽水汽。

（3）吹干。

用热或冷的空气流将玻璃仪器吹干，所用仪器是电吹风机或玻璃仪器气流干燥器。用吹风机吹干时，一般先用热风吹玻璃仪器的内壁，待干后再吹冷风使其冷却。如果先用易挥发的溶剂如乙醇、乙醚、丙酮等淋洗仪器，应先将淋洗液倒净，然后再用吹风机按冷风→热风→冷风的顺序吹，则会干得更快。

（4）烘干。

将洗净的仪器控去水分，放在电烘箱的搁板上，温度控制在 105~110℃烘干。

烘箱又叫电热恒温干燥箱，它是干燥玻璃仪器常用的设备，也可用于干燥化学药品。

带有精密刻度的计量容器不能用加热方法干燥，否则会影响仪器的精度，可采用晾干或冷风吹干的方法干燥。

二、电子天平

电子天平采用无刀电子数字显示结构，利用了传感器技术、电子技术和微型计算机技术，结构简单、功能扩展。与机械天平相比，电子天平克服了不等臂性误差，增加了自动校准、数字显示、自动去皮、自动故障寻迹计数、数据输出等功能，具有操作简便、稳定快速、读数精度高、维护方便等优点。

1. 工作原理

电子天平的工作原理如图 1-9 所示。当在秤盘上加上或除去被称物品时，秤盘机构产生垂直位移；位移传感器将该位移信号转换为电信号；该信号经过 PID（比例、积分、微分）调节器、放大器放大后转换为与被称物品质量有关的电流信号。此信号一路送入反馈线圈产生电磁反馈力，以平衡被称物造成的秤盘机构产生的垂直位移；另一路则在精密电阻（称为采样电阻）上转换成相应的电压信号，此电压信号再经低通滤波器、模/数（A/D）转换器转换成数字信号，该信号经微型计算机处理，最后以数字形式将被称物的质量显示出来。

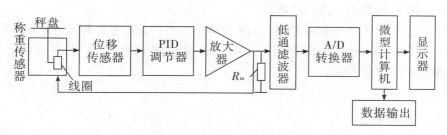

图 1 - 9　电子天平的工作原理图

2. 使用方法

（1）使用前检查天平是否水平，调整水平。

（2）称量前接通电源预热 30min（或按照说明书的要求）。

（3）校准。按天平说明书要求的时间预热天平。首次使用天平必须校准天平，将天平从一地移到另一地使用时或在使用一段时间（30 天左右）后，应对天平重新校准。为使称量更为精确，亦可随时对天平进行校准。校准程序可按说明书进行，用内装校准砝码或外部自备有修正值的校准砝码进行。例如 JA1003 型电子天平的校准如下：按去皮键，使天平显示为"0"；按校准键，天平显示为"C"，将 200g 的砝码放在秤盘上；经过几秒钟后，天平显示校准砝码的数值，并发出"嘟"的一声，此时校准完毕，取下砝码即可使用。当天平不稳定或秤盘上有物品时，按校准键后天平显示出错信号"CE"，此时可将秤盘上的物品拿掉，或消除不稳定因素，再按去皮键，使天平返回称重状态，重新操作。

（4）称量。在称量前，如果天平显示的数据不为"0.0000"时，要按去皮键，归零；将量的物品放在秤盘的正中央，当稳定标志"g"出现时，表示读数已稳定，此时天平示值即为该物品的质量。操作相应的按键可以实现去皮、增重、减重等称量功能。

（5）清洁。污染时用含少量中性洗涤剂的柔软布擦拭，勿用有机溶剂和化纤布。样品盘可清洗，充分干燥后再装到天平上。

3. 注意事项

（1）电子天平电源线中的接地线必须可靠接地，并远离强用电设备。

（2）电子天平在安装之后、称量之前必不可少的一个环节是"校准"。这是因为电子天平是将被称物的质量产生的重力通过传感器转换成电信号来表示被称物的质量的。称量结果实质上是被称物重力的大小，故与重力加速度 g 有关，称量值随纬度的增高而增加。例如在北京用电子天平称量 100g 的物体，到了广州，如果不对电子天平进行校准，称量值将减少137.86mg。另外，称量值还随海拔的升高而减少。因此，电子天平在安装后或移动位置后必须进行校准。

（3）电子天平开机后需要预热较长一段时间（至少 0.5h），才能进行正式称量。

（4）电子天平的积分时间也称为测量时间或周期时间，有几挡可供选择，出厂时选择了一般状态，如无特殊要求不必调整。

（5）电子天平的稳定性监测器是用来确定天平摆动消失及机械系统静止程度的器件。当稳定性监测器表示达到要求的稳定性时，可以读取称量值。

（6）不得称量带有磁性的物质。

（7）注意电子天平的称量范围，天平秤盘上所有物品质量之和不得超过称量范围。

（8）在较长时间不使用的电子天平应每隔一段时间通电一次，以保持电子元器件干燥，特别是湿度大时应经常通电。

4. 称量方法

（1）直接称量法。

此法是将称量物直接放在天平盘上称量物体的质量。例如，称量小烧杯的质量，容量器皿校正中称量某容量瓶的质量，重量分析实验中称量某坩埚的质量等，都使用这种称量法。

（2）递减称量法。

此法又称减量法，用于称量一定质量范围的样品或试剂。在称量过程中样品易吸水、易氧化或易与 CO_2 等反应时，可选择此法。由于称取试样的质量是由两次称量之差求得，故也称差减法。

操作方法如下：将适量的待测试样放入洁净、干燥的称量瓶中，盖好瓶盖，用洁净的纸条套在称量瓶上（或戴洁净的布手套）（如图 1 – 10 所示），把称量瓶放到台式天平上粗略称出其质量，然后在电光天平上准确称其质量，记下称量数值 m_1。用左手借纸条夹持称量瓶中部，右手拿住用小纸片包住的称量瓶盖上的尖头，稍微倾斜称量瓶，

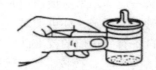

图 1 – 10　用纸条拿称量瓶的方法

用瓶盖轻轻敲称量瓶口的上边缘，使试样缓缓倒入接收器内（如图 1 – 11 所示）。当估计倾出的样品量接近所需要的样品时，再边敲瓶口，边将瓶身竖起，盖好瓶盖，放回天平上准确称量。如果一次倒出样品的量不够，可再次倾倒、称量试样，直至所需称量范围，记录称量值 m_2。（$m_1 – m_2$）即为所称试样的质量。如果倒出的样品太多，不能将样品放回称量瓶，应倒入实验室指定的回收瓶中，并重新称量。

图 1 – 11　样品转移操作

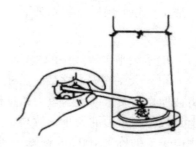

图 1 – 12　向秤盘中加样

（3）固定质量称量法。

此法又称增量法，适用于称量某一固定质量的试剂（如基准物质）或试样。这种称量操作的速度很慢，因而可用于称量不易吸潮、在空气中能稳定存在的粉末状或小颗粒（最小颗粒应小于 0.1mg，以便调节其质量）样品。

操作方法如下：将小烧杯放在电子天平的秤盘上，显示稳定后，按一下"TAR"键显示为零，然后用角匙向小烧杯中逐渐加试样（如图 1 - 12 所示），直到所加试样的量满足要求。如果不慎加多了试样，用角匙取出多余的试样，取出的试样不能放回原试剂瓶中，应倒入实验室指定的回收瓶中。

5. 常见问题及解决办法

电子天平的常见问题及解决办法如表 1 - 9 所示。

表 1 - 9　电子天平的常见问题及解决办法

序号	问题	原因	解决办法
1	电源接通后，显示器不亮	电压不是 220V	检查交流电源
		保险丝损坏	更换
		显示器损坏	更换
		接插件松动	插紧
2	显示不稳定	震动和风的影响	改变放置场所或采用相应设置
		防风罩未完全关闭	关闭防风罩
		秤盘与天平外壳之间有杂物	清除杂物
		防风屏蔽环被打开	放好防风环
		被称物吸湿或有挥发性，使质量不稳定	给被称物加盖
		稳压电源故障	检查
3	测定值漂移	天平预热时间短	预热 30min
		接地不良	接地线
		有强干扰	远离干扰
		被称物带静电	装入金属容器中称量
4	频繁进入自动量程校正	室温及天平温度变化太大	移至温度变化小的地方
5	称量结果明显错误	天平未经调校	对天平进行调校

第四节　实验数据处理

实验数据需要选择适当的处理方法，才能客观、准确地反映实验结果，减小误差，这也是润滑油液分析实验的重要内容之一。实验数据的处理主要包括误差分析、精密度分析、可疑数据的取舍、有效数字的要求及运算等。

一、误差分析

误差是测量值或测量平均值与真值之差。它是表述和评价测量结果或分析结果准确性的一种方法。误差越小，准确度越高；误差越大，准确度越低。

在实验分析过程的每一个步骤中，即使采用最准确的方法，使用最精密的仪器，由技术最高超的实验人员操作，仍然存在误差。误差按照产生的原因，分为系统误差、随机误差和过失误差三类。

（一）系统误差

系统误差又称可测误差、恒定误差、偏倚，它是由分析测试中某些固定的因素引起的，在重复测试时会重复出现，因此它的正负、大小有一定规律。在通用的标准方法中，通常系统误差减小到很小甚至可忽略的程度。实验测试中产生系统误差的原因有以下几方面：

（1）方法误差：由实验分析方法本身不够完善所致。如滴定反应中选择的指示剂的变色点与理论滴定终点不相符合，或者是对干扰离子的掩蔽、分离不完全等造成的误差。

（2）仪器和试剂的误差：由于所用仪器本身不够精确、试剂（包括用水）含有杂质等造成。如容量瓶、滴定管的刻度不准的误差；天平不等臂、砝码的误差；基准试剂纯度不够等。

（3）操作误差：因操作人员感官的差异、反应的敏捷程度和固有习惯所致。如分析人员在辨明终点时偏深或是偏浅，对仪器标尺读取数值时偏右或偏左。

系统误差以固定形式重复出现，因此不能用增加平行测定次数和采用数理统计方法消除。对容量仪器、砝码等进行校正、空白校正等措施可降低误差。

含有误差的测量结果，加上修正值后就可能补偿或减少误差的影响。由于系统误差不能完全获知，因此这种补偿并不完全。修正值等于负的系统误差，这就是说加上某个修正值就像扣掉某个系统误差，其效果是一样的，即

$$真值 = 测量结果 + 修正值 = 测量结果 - 系统误差$$

真值实际上无法知道，只能近似知道。实际所述真值包括：

①理论真值，如三角形内角之和为 $180°$。

②约定真值，由国际计量组织定义的单位，包括基本单位、辅助单位及导出单位。

③标准物质、标准量具对低一级的物质或量具提供的相对真值。

是否存在系统误差，常常通过回收试验加以检查。

回收试验是在测定试样某组分含量（x_1）的基础上，加入已知量的该组分（x_2），再次测定其组分含量（x_3）。由回收试验所得数据可以计算出回收率。

$$回收率 = \frac{x_3 - x_1}{x_2} \times 100\% \qquad (1-2)$$

由回收率的高低判断有无系统误差存在。对常量组分回收率要求高，一般为 99% 以上；对微量组分回收率要求在 90% ~ 110%。

消除系统误差可以采用以下方法：

（1）空白实验。

由试剂和器皿引入的杂质所造成的系统误差，一般可作空白试验来加以校正。空白试验是指在不加试样的情况下，按试样分析规程在同样的操作条件下进行的测定。空白试验所得结果的数值叫空白值。从试样分析的结果中扣除空白值，就得到比较可靠的测定结果。空白值一般不应很大，否则用扣除空白值的方法会引起很大的误差。此时，应以提纯试剂和改进适宜的器皿来解决。

（2）仪器校正。

分析测定中，具有准确体积和质量的仪器，如滴定管、移液管、容量瓶和分析天平砝码，都应进行校正，以消除仪器不准所引起的系统误差。因为这些测量数据都是参加分析结果计算的。

（3）方法校正。

用组成与待测试样相近、已知准确含量的标准样品，按所选方法测定，将测定结果与标样的已知含量相比，其比值称为校正系数，即

$$校正系数 = 标准试样组分的标准含量 / 标准试样测得的含量 \qquad (1-3)$$

则试样中被测组分含量的计算为：

$$被测试样组分含量 = 测得含量 \times 校正系数 \qquad (1-4)$$

（二）随机误差

随机误差也称偶然误差，是测量过程中随机因素共同作用引起的误差，其大小及正负值都不固定，如电源电压波动引起光源强度的波动、仪器零点漂移、分析人的测读误差等。随机误差虽然随机发生，但遵循统计规律，随着测定次数的增大而规律性越明显，增加测定次数可降低测定的随机误差。随机误差具有以下特性：

（1）有界限性：在一定条件下，有限次数的测定值中，其误差的绝对值不超过某一界限。

（2）单峰性：绝对值小的误差出现频率大，绝对值大的误差出现频率小。

（3）对称性：测定次数足够多时，绝对值相等的正误差和负误差的出现频率大致相等。

（4）补偿性：在一定条件下，对同一量进行测量，随机误差的算术平均值随测量次数增多而趋于零。

在系统误差消除之后，同样情况下进行多次测定，则可发现随机误差的分布完全服从一般的正态分布规律。偶然误差的消除很简单，一般通过对试样多次测量后取平均值，测量次数一般高于 3 次。

（三）过失误差

过失误差又称粗大误差、粗差，是分析测试过程中操作失误或技术不当引起的。例如，沉淀转移时不慎丢失、加错试剂、记录错误、运算错误等。过失误差是不应发生、不允许存在的。出现过失误差时该次分析测试结果必须舍弃，重做分析。过失误差的消除只有通过加强管理、严格操作规范来实现。

（四）误差的表示方法

误差有两种表示方法：绝对误差和相对误差。

测定值 x_i 或多次测量值的平均值 $\bar{x}$ 与真值 μ 之差，称为绝对误差 E。绝对误差有正、负值之分。相对误差 E_r 是绝对误差 E 与真值 μ 之比，以百分比表示。相对误差也有正、负值之分。用公式表示为：

$$E = x_i - \mu \qquad (1-5)$$

或

$$E = \bar{x} - \mu \qquad (1-6)$$

$$E_r = \frac{x_i - \mu}{\mu} \times 100\% \qquad (1-7)$$

或

$$E_r = \frac{\bar{x} - \mu}{\mu} \times 100\% \qquad (1-8)$$

例如，电子天平称量两物体的质量分别为 1.6380g 和 0.1637g，假定两者的真实质量分别为 1.6381g 和 0.1638g，则两者称量的绝对误差分别为：

$$E = x_i - \mu = 1.6380 - 1.6381 = -0.0001 \text{（g）}$$
$$E = x_i - \mu = 0.1637 - 0.1638 = -0.0001 \text{（g）}$$

两者称量的相对误差分别为：

$$E_r = \frac{-0.0001}{1.6381} \times 100\% = -0.006\%$$

$$E_r = \frac{-0.0001}{0.1638} \times 100\% = -0.06\%$$

由此可见，绝对误差相等，相对误差并不一定相同，上例中第一个称量结果的相对误差为第二个称量结果相对误差的 1/10。也就是说，同样的绝对误差，当被测定的量较大时，相对误差就比较小，测定的准确度也就比较高。因此，用相对误差来表示各种情况下测定结果的准确度更为确切些。

然而，有时为了说明一些仪器测量的准确度，用绝对误差更清楚。例如分析天平的称量误差是 ±0.0002g，常量滴定管的读数误差是 ±0.01mL 等，都是用绝对误差来说明的。

二、精密度分析

在相同条件下，多次重复测定的结果之间互相符合或离散的程度称为精密度。实验数据的精密度可用平均偏差、标准偏差、极差等表示，实验中常用标准偏差和极差。

（一）标准偏差和相对标准偏差

统计学上称所研究对象的某特性值的全体为总体（或母体），自总体中随机抽出一组测定值称为样本（或子样）。

在分析测试工作及数理统计中，常用标准偏差表示精密度。在数学中，标准偏差也称均匀误差或简称标准差，总体标准偏差用 σ 表示，其数学表达式为：

$$\sigma = \sqrt{\frac{\sum_{i=1}^{n} (x_i - \mu)^2}{n}} \tag{1-9}$$

式中，n 为测试次数。式（1-9）适用于 n 为无限多次（至少大于 30 次）并且不考虑系统误差的情况。

实际有限次测试的情况下，式（1-9）用平均值代替真值，标准偏差 σ 用 s 或 SD 代替，称为样本标准偏差，其数学表达式（贝塞尔公式）为：

$$s = \sqrt{\frac{\sum_{i=1}^{n} (x_i - \bar{x})^2}{n-1}} \tag{1-10}$$

式中，$n-1=f$，数理统计中称为自由度，意思是在 n 次测定中，只有 $(n-1)$ 个独立可变的偏差，因为 n 个绝对偏差之和等于零，所以，只要知道 $(n-1)$ 个绝对偏差，就可以确定第 n 个的偏差值。

标准偏差的平方称为方差，代表各偏差的平方和的平均值，用 σ^2 表示。

相对标准偏差是标准偏差对测定平均值的相对值，用 RSD 代表，数学上也称变异系数，用 CV 代表。

$$\text{RSD} = \frac{s}{\bar{x}} \times 100\% \tag{1-11}$$

显然，标准偏差或相对标准偏差越小，数据的精密度越高。

（二）极差与相对极差

在相同条件下重复测定的一组数据中，最大值 x_{max} 与最小值 x_{min} 之差称为极差（R），也称全距或范围误差。

$$R = x_{max} - x_{min} \tag{1-12}$$

极差与测定平均值之比，称为相对极差，以百分比表示（$R\%$）。

$$R\% = \frac{R}{\bar{x}} \times 100\% \tag{1-13}$$

极差可用来估算标准偏差，因而间接表示精密度，虽简单、直观，但比较粗略。测定次数 15 次以内时，用极差通过下式估算标准偏差：

$$s = \frac{R}{C} \tag{1-14}$$

式中，C 为与测定次数有关的统计因子，其数值如表 1-10 所示。

统计因子的数值近似等于测定次数的平方根，因此，由极差估算标准偏差实际上采用近似式：

$$s = \frac{R}{\sqrt{n}} \qquad\qquad (1-15)$$

表 1-10　由极差估算标准偏差的统计因子

测定次数 n	统计因子 C	测定次数 n	统计因子 C
2	1. 128	9	2. 970
3	1. 693	10	3. 078
4	2. 059	11	3. 173
5	2. 326	12	3. 250
6	2. 534	13	3. 336
7	2. 704	14	3. 407
8	2. 847	15	3. 472

三、可疑数据的取舍

数据中出现个别值离群太远时，首先要仔细检查测定过程中，是否有操作错误，是否有过失误差（粗差）存在。不能随意地舍弃离群值以提高精密度，而需进行统计处理，即判断离群值是否仍在随机误差范围内。常用的统计检验方法有 Grubbs 检验法和 Q 值检验法（Q – test）。

如果测试次数在 10 次以内，使用 Q 值法比较简单。其步骤为：将测试数值由小到大排列，$x_1 < x_2 < \cdots < x_n$；计算极差 R（$R = x_n - x_1$）；计算 Q 值。

如果 x_1 为可疑值，则

$$Q_{计算} = \frac{x_2 - x_1}{x_n - x_1} \qquad\qquad (1-16)$$

如果 x_n 为可疑值，则

$$Q_{计算} = \frac{x_n - x_{n-1}}{x_n - x_1} \qquad\qquad (1-17)$$

如果 $Q_{计算} > Q_{表}$，则弃去可疑值，反之则保留。$Q_{表}$ 表示不同置信度下的 Q 值，如表 1-11 所示。

表 1-11　$Q_{表}$ 值

测试次数 n	$Q_{0.90}$	$Q_{0.95}$	$Q_{0.99}$
3	0. 94	0. 98	0. 99
4	0. 76	0. 85	0. 93
5	0. 64	0. 73	0. 82
6	0. 56	0. 64	0. 74

（续表）

测试次数 n	$Q_{0.90}$	$Q_{0.95}$	$Q_{0.99}$
7	0.51	0.59	0.68
8	0.47	0.54	0.63
9	0.44	0.51	0.60
10	0.41	0.48	0.57

例：测定某油液中 Fe 的质量分数得到结果如下：1.25×10^{-6}，1.27×10^{-6}，1.31×10^{-6}，1.40×10^{-6}。用 Q 值检验法判断 1.40×10^{-6} 这个数据是否保留。

解：可疑值为 x_n，则

$$Q_{计算} = \frac{x_n - x_{n-1}}{x_n - x_1} = \frac{1.40 - 1.31}{1.40 - 1.25} = 0.60$$

查表 1 – 11，$n = 4$，$Q_{0.90} = 0.76$，$Q_{计算} < Q_{表}$，故应保留。

四、有效数字及运算

有效数字是实验中实际测得的数字，包括全部的准确数字和一位可疑数字，因此有效数字反映了所用仪器的准确程度。实验中，正确使用有效数字意义重大。

1. 正确选用仪器

因为有效数字体现了仪器的精密程度，因此根据实验表述中有效数字的位数，选择精度适当的仪器，以满足实验误差的要求。如实验中要求称取 3.2g 试样，根据有效数字的意义，"3.2"中，3 是准确数字，2 是可疑数字，因此选择天平时，应选择最小刻度为 1g 的小天平；如果要称取 3.2100g 试样，则必须选择精度为 0.1mg 的电子天平。液体的量取也必须根据有效数字的表述来准确选用玻璃器皿，如量取 10.00mL　0.1000mol·L^{-1} 的 HC1 标准溶液，显然应选择准确刻度为 0.1mL 的器皿，即移液管或滴定管；如果量取体积为 10mL 的 1∶1HCl，则可选择量杯、量筒等粗略量取液体的容器。实验中，除了根据有效数字的位数选择仪器外，有时还要根据实验操作的具体意义选择仪器，如实验表述中要"量取 10mL 0.1000mol·L^{-1} 的 HCl 标准溶液"，如果仅从"10mL"本身看，不需要准确量取，但因为量取的是标准溶液，如果体积不准确，即使浓度再准确，物质的量也不准确，因此 10mL 应该准确量取。

2. 正确记录数据

实验测得的数据，要以正确的形式记录下来，以真实体现所用仪器的精密程度，尤其当所得数据末尾为 0 时，0 不能轻易舍掉。如称取的试样质量为 3.2000g，表明所用仪器是精度为 0.1mg 的分析天平，如果记录为 3.2g，尽管对计算结果没有影响，但由数据本身体现出来的仪器精度为 0.1g，意义差别很大；像滴定管、移液管等准确量取液体的器皿，数据应读到或记录到 0.01mL。

3. 正确表示分析结果

分析结果中有效数字的位数，应根据实验所用仪器的精密程度确定。通常，常量分析保留四位有效数字，微量分析保留 2~3 位有效数字。

4. 有效数字运算规则

在运算过程中，有效数字的计算规则是：

（1）几个数据相加减时，它们的和或差只能保留一位不准确的数字，即有效数字的保留应以小数点后位数最少的数字为依据。例如：

$$0.0121 + 25.64 + 1.05783 = 26.71$$

结果 26.71 只有最后一位是不确定值；

（2）在乘除运算中，有效数字取决于相对误差最大的那个数，即有效数字位数最少的那个数。例如：

$$（0.0325 \times 5.103 \times 60.064）/139.82 = 0.0713$$

用电子计算器做运算时，可以不必对每一步的计算结果进行位数确定，但最后计算结果应保留正确的有效数字位数。对最后结果多余数字的取舍原则是："四舍六入五留双"，即当尾数 ≤4 时，舍去；当尾数 ≥6 时，进位；当尾数等于 5 时，如进位后得偶数，则进位，否则舍去。

第五节　实验室安全

实验室是高等学校进行教学实践和开展科学研究的重要基地。实验室安全关系到学校实验教学和科学研究能否顺利开展，师生员工的人身安全能否得到保障。实验人员必须对实验室安全给予高度的关注和重视，必须培养实验安全意识，掌握相关实验安全知识。

进行润滑油液分析实验时，经常要接触到水、电以及易燃、易爆、有毒的有机试剂和溶剂，因此，进行油液实验，必须非常注意安全。事故的发生，往往是不熟悉试剂和仪器性能、违反操作规程和麻痹大意所致。只要做好实验预习，严格遵守操作规程，坚守岗位，集中精力，事故是可以避免的。

一、实验室规则

为了保证油液分析实验课的教学质量，确保每堂课都能安全、有效、正常地进行，学生必须遵守以下规则。

（1）在进入实验室之前，必须认真阅读实验室安全的内容，了解进入实验室后应注意的事项及有关规定。每次做实验前，认真预习该实验内容，明确实验目的及要掌握的操作技能。了解实验步骤、所用试剂的性能及相关安全问题，写出实验预习报告。

（2）实验课开始后，先认真听指导老师讲解实验，然后严格按照操作规程安装好实验装置，经老师检查合格后方可进行下一步操作。

（3）实际的称量应在老师指定的地方进行，称取完毕，要及时将试剂瓶盖子盖好，并将台秤和试剂台擦净。不允许将试剂瓶拿到自己的实验台称取。

（4）实验过程中要仔细观察实验现象，认真及时地做好记录，同学间可就实验现象进行研讨，但不许谈论与实验无关的问题。不经老师许可，不能离岗。不能听随身听、接打手机。严禁吸烟、吃东西。固、液体废物分别放在指定的垃圾盒中，不能随便扔、倒在水池中。

（5）实验结束后，把实验记录交老师审阅，由老师登记实验结果。同学将实验产物回收到指定瓶中，然后洗净自己所用的仪器并保管好。公用仪器放在指定的位置。把自己的卫生区清理干净后，经老师许可方可离开实验室。

（6）每天的值日生负责实验室的整体卫生（水池、通风橱、台面、地面）、废液的处理、水电安全。经老师检查合格后，方可离去。

（7）值日生在做完值日工作后，除非实验室有必需用电的电器（如冰箱），否则临走前要关掉所有的水闸及总电闸。

二、安全防火措施

油液实验所用试剂中，部分是易燃、易爆的，因此，火灾是实验室应重点防范的事故之一。为了防止着火，实验中必须注意以下几点。

（1）各类易燃、易爆试剂在存放时应远离明火。环境应通风、阴凉；易相互发生反应的试剂应分开放置；活泼的金属钾、钠不要与水接触或暴露在空气中，应保存在煤油中，废钠通常用乙醇或异丙醇销毁；白磷应保存在水中；盛有有机试剂的试剂瓶，其瓶塞要塞紧。

（2）不能用敞口容器加热和放置易燃、易爆的化学试剂。应根据实验要求和物质的特性选择正确的加热方法，如对沸点低于80℃的液体，在蒸馏时，应采用间接加热，严禁用电炉或火焰直接加热。

（3）不得在烘箱内存放、干燥、烘焙有机物。

（4）使用高压气体钢瓶时，要严格按操作规程进行，如乙炔、氢气钢瓶应远离明火，存放在通风良好的地方；使用氧气钢瓶时，不得让氧气大量溢入室内，因在含氧量约25%的大气中，物质燃烧所需的温度要比空气中低得多，且燃烧剧烈，不易扑灭；不得让气体钢瓶在地上滚动，不得撞击钢瓶表头，更不得随意调换表头，搬运钢瓶时应使用推瓶车。

（5）易爆炸物质在移动或使用时不得剧烈振动，必要时先戴好面罩再进行操作。

（6）在实验室内严禁吸烟，严禁将不同试剂胡乱掺和，严禁使用不知其成分的试剂。废溶剂不得倒入废液缸和垃圾桶中，应专门回收处理。

（7）若不慎发生着火，应及时采取正确的措施，控制事故的扩大。首先，立即切断电源，移走易燃物。然后根据易燃物的性质和火势，采取适当的方法扑救。

火情及灭火方法简介如下：

①烧瓶内反应物着火时，用石棉布盖住瓶口，火即熄。

②地面或桌面着火时，若火势不大，可用淋湿的抹布或沙子灭火。

③衣服着火，应就近卧倒，用石棉布把着火的部位包起来，或在地上滚动以灭火焰，切忌在实验室内乱跑。

④火势较大时，应采用灭火器灭火。二氧化碳灭火器是化学实验室最常用的灭火器。灭火器内存放着压缩的二氧化碳气体，使用时，一手提灭火器，一手应握在喷二氧化碳的喇叭

筒的把手上（不能手握喇叭筒，以免冻伤！）打开开关，二氧化碳即可喷出。这种灭火器，灭火后的危害小，特别适用于油脂、电器及其他较贵重的仪器着火时灭火。不管用哪一种灭火器，都是从火的周围向中心扑灭。

⑤如火势不易控制，应立即拨打火警电话119！

常用灭火器的性能如表 1 – 12 所示。

需要注意的是，水在大多数场合下不能用来扑灭有机物的着火。因为一般有机物的密度都比水小，泼水后，火不但不熄反而浮在水面燃烧，火随水流而蔓延，将会造成更大的火灾事故。

表 1 – 12　常用灭火器的性能及特点

灭火器类型	灭火器成分	适用场合
二氧化碳灭火器	液态 CO_2	适用于扑灭电器设备、小范围的油类及忌水的试剂失火
泡沫灭火器	$Al_2(SO_4)_3$ 和 $NaHCO_3$	适用于油类着火，但污染严重，后处理麻烦
四氯化碳灭火器	液态 CCl_4	适用于扑灭电器设备、小范围的汽油、丙酮等着火。不能用于扑灭活泼金属钾、钠起火
干粉灭火器	主要成分是碳酸氢钠等盐类物质与适量的润滑剂和防潮剂	适用于扑灭油类、可燃性气体、电器设备、精密仪器、图书文件等物品的初起火灾
酸碱灭火器	H_2SO_4 和 $NaHCO_3$	适用于扑灭非油类和电器的初起火灾
1211 灭火器	CF_2ClBr 液化气体	特别适用于油类、有机溶剂、精密仪器、高压电器设备失火

三、水电安全

进入实验室后，应首先了解水电开关及总闸的位置在何处，而且要掌握它们的使用方法。如实验开始时，应先缓缓接通冷凝水（水量要小），再接通电源打开电热包。但决不能用湿手或手握湿物去插（拔）插头。使用电器前，应先检查线路连接是否正确，电器内外要保持干燥，不能有水或其他溶剂。实验做完后，应先关掉电源，再去拔插头，而后关掉冷凝水。

四、危险装置的使用

实验室中，对于具有危险的装置，如果操作错误，那么可以说全部装置均为危险装置。特别对那些可能会引起大事故的装置，使用时必须具备充分的知识，并细心地进行操作。表 1 – 13 列举了常见的与大事故有关的危险器械的类型。

表 1 - 13　常见的危险装置

装置类型	事故种类	装置示例
电器装置	因电而引起的触电、火灾及爆炸等事故	如各种测定器械、配电盘等
机械装置	因机械力而造成的伤害事故	如车床、砂轮机等
高压装置	由气体、液体的压力所造成的伤害，继而发生火灾、爆炸等事故	如高压釜、各种高压气体钢瓶等
高、低温装置	由温度而引起的烧伤、冻伤，以及火灾、爆炸等事故	如电炉、深度冷冻装置等
高能装置	发生触电、烧伤、眼睛失明及放射性伤害等事故	如激光、X 射线装置等
玻璃仪器	由玻璃造成的割伤、灼伤	

一般应注意的事项：

（1）使用的能量越高，其装置的危险性就越大。使用高温、高压、高压电、高速度及高负荷之类装置时，必须做好充分的防护措施，谨慎地进行操作。

（2）对不了解其性能的装置，使用时要进行认真仔细的准备，尽可能逐个核对装置的各个部分，并且在使用前必须经过导师检查。

（3）要求熟练地进行操作的装置，应在掌握其基本操作之后，才能进行操作。随随便便地进行操作，容易引起大事故。

（4）装置使用完毕后要收拾妥善。如果发现有不当的地方，必须马上进行修理，或者及时填写仪器使用记录，把情况告知下次的使用者。

五、电器设备的使用

实验测试离不开电器设备，为了保障实验设备的正常工作和实验人员的人身安全，防止触电、火灾及爆炸等用电事故，操作电器设备要注意以下几点。

（1）使用电器设备时，须先进行安全检查，经确认无误后才能通电。

（2）化验室内不得有裸露的电线，不能用它接通电灯、仪器或电源。电闸、开关要完全合上或完全断开，以防止接触不良打火花而引起易燃物爆炸。

（3）各种电器设备及电线必须始终保持干燥，不能在其上面或线路上洒水，以防止短路引起火灾或烧坏电器。

（4）更换保险丝时，应按规定选用合适的保险丝，不可用铜、铅、铁等金属丝代替，以免烧坏仪器或引发火灾。

（5）使用新的电器设备时，应先阅读使用说明书，了解其使用方法和注意事项，不要盲目接插电源。使用长期放置的电器、仪器时，必须先仔细检查。如发现有损坏，应及时修理，不要勉强使用。

（6）若发生人身触电事故，应首先迅速切断电源，用绝缘器具（如干棒、干衣服等）将触电者与电源脱离；若要救护未脱离电源的触电者，不能用手去拉触电者，应戴上胶皮手套，穿好胶底鞋或踩踏干木板进行抢救，使触电者脱离电源。然后检查触电者呼吸及心跳情况，若呼吸已停止，应立即进行人工呼吸。对心脏也停止跳动者，同时进行心肺复苏，并迅速送往医院进行抢救。

六、事故的预防与处理

1. 中毒的预防及处理

大多数试剂都具有一定的毒性。中毒主要是通过呼吸道和皮肤接触有毒物品而对人体造成危害。预防中毒应做到以下几点。

（1）实验前要了解药品的性能，称量时使用工具、戴乳胶手套，尽量在通风橱中进行。特别要注意的是，勿使有毒药品触及五官和伤口处。

（2）反应中可能生成有毒气体的实验应加气体吸收装置，并将尾气导至室外。

（3）用完有毒药品或实验完毕要用肥皂将手洗净。

假如已发生中毒，应按如下方法处理。

（1）溅入口中尚未下咽者，应立即吐出，用大量水冲洗口腔；如已吞下，应根据毒物的性质给以解毒剂，并立即送医院救治。

（2）腐蚀性毒物中毒。对于强酸，先饮大量水，然后服用氢氧化铝膏、鸡蛋清；对于强碱，也应先饮大量水，然后服用醋、酸果汁、鸡蛋清。不论酸或碱中毒皆再给以牛奶灌注，不要吃呕吐剂。

（3）刺激剂及神经性毒物中毒。先用牛奶或鸡蛋清使之立即冲淡和缓和，再用一大匙硫酸镁（约30g）溶于一杯水中催吐。有时也可用手指伸入喉部促使呕吐，然后立即送医院救治。

（4）吸入气体中毒者。将中毒者移至室外，解开衣领及袖口。若吸入少量氯气或者溴，可用碳酸氢钠溶液漱口。

2. 灼伤的预防及处理

皮肤接触了高温、低温或腐蚀性物质后均可能被灼伤。为避免灼伤，在接触这些物质时应戴好防护手套和眼镜。发生灼伤时应按下列要领处理。

（1）被碱灼伤时，先用大量水冲洗，再用1%～2%的乙酸或硼酸溶液冲洗，然后再用水冲洗，最后涂上烫伤膏。

（2）被酸灼伤时，先用大量水冲洗，然后用1%～2%的碳酸氢钠溶液冲洗，最后涂上烫伤膏。

（3）被溴灼伤时，应立即用大量水冲洗，再用酒精擦洗或用2%的硫代硫酸钠溶液洗至灼伤处呈白色，然后涂上甘油或鱼肝油软膏加以按摩。

（4）被热水烫伤时，一般在患处涂上红花油，然后擦烫伤膏。

（5）被金属钠灼伤时，可见的小块用镊子移走，再用乙醇擦洗，然后用水冲洗，最后涂上烫伤膏。

（6）以上这些物质一旦溅入眼睛中（金属钠除外），应立即用大量水冲洗，并及时去医院治疗。

3. 割伤的预防及处理

化学实验中主要使用玻璃仪器。使用时，最基本的原则是不能对玻璃仪器的任何部位施加过度的压力。具体操作要注意以下几点。

（1）需要用玻璃管和塞子连接装置时，用力处不要离塞子太远，尤其是插入温度计时，要特别小心。

（2）新割断的玻璃管断口处特别锋利，使用时，要将断口处用火烧至熔化，或用小刀使其成圆滑状。

发生割伤后，应先将伤口处的玻璃碎片取出，再用生理盐水将伤口洗净，轻伤可用"创可贴"，伤口较大时，用纱布包好伤口送医院。若割破静（动）脉血管、流血不止时，应先止血。具体方法是：在伤口上方 5～10cm 处用绷带扎紧或用双手掐住，尽快送医院救治。

七、废液的处理

通常从实验室排出的废液，虽然与工业废液相比在数量上是很少的，但是，由于其种类多，加上组成经常变化，因而最好不要把它集中处理，而由各个实验室根据废弃物的性质，分别加以处理。为此，废液的回收及处理自然就需依赖实验室中每一个工作人员，实验人员应予足够的重视，即使由于操作错误或发生事故，也应避免排出有害物质。同时，实验人员还必须加深对防止公害的认识，自觉采取措施，防止污染，以免危害自身或者危及他人。废液处理应遵循以下的原则和方法。

（1）必须充分了解废液的主要性质，进行处理时一定要注意防止突发反应的发生，并对可能产生的有毒气体、发热、喷溅及爆炸等危险有所预防。

（2）亲自动手及时处理。一些含有毒、有害物质的废液，只有化验人员知道其中含有什么成分，如不亲自动手及时处理，会留下安全隐患。

（3）采用初步物体分离法，将粘附有害物质的滤纸、称量纸、废活性炭、药棉及塑料容器等从废液中取出，并将沉渣分出单独处理，以减少废液的处理量。分析中出现的固体废弃物也不能随便乱放，最好是集中进行销毁。

（4）一切不溶固体或浓酸、浓碱废液，严禁立即倒入水池，以防堵塞和腐蚀水管。浓酸、浓碱废液应稀释并中和后才能排入下水道。

（5）大量有机溶剂废液不能排入下水道，应尽可能回收或集中处理。

（6）含有六价铬的废液应先将铬还原成三价后再稀释排放。

（7）含有氰化物的废液不得直接倒入实验室水池内，应在加入氢氧化钠使其呈强碱性后，再倒入硫酸亚铁溶液中生成无毒的亚铁氰化钠后才可排入下水道。

第二章　润滑油液理化指标分析实验

实验一　润滑油液密度的测定（密度计法）

密度是润滑油最简单、最常用的物理性能指标，是润滑油在生产制造、储运计量等过程中的重要依据，关系到润滑油产品的品质和计量标准要求。润滑油的密度随其组成中含碳、氧、硫的数量的增加而增大，因而在同样黏度或同样相对分子质量的情况下，密度大小依次为芳烃 > 环烷烃 > 链烷烃。

密度计法是目前使用比较广泛的润滑油密度测定方法，所测油液的雷德蒸气压（RVP）一般小于 100kPa。

一、实验目的

（1）学习密度计法测定润滑油密度的原理和方法。
（2）掌握密度计法测定润滑油密度的实验操作技术。

二、实验原理

密度计法的基础是阿基米德原理，当被密度计排开的油液的重量等于密度计本身的重量时，密度计将稳定地悬浮在油液中，根据密度计浸入在油液中的深度变化即体积变化，就可以从密度计上的刻度处读出油液的密度。实验时，使试样处于规定温度，将其倒入温度大致相同的密度计量筒中，将合适的密度计放入已调好温度的试样中，让它静止。当温度达到平衡后，读取密度计刻度读数和试样温度。用石油计量表将观察到的密度计读数换算成 20℃ 时的标准密度。

三、主要仪器

密度计：玻璃制，应符合 SH/T0316—1998《石油密度计技术条件》和表 2 - 1 给出的技术要求。

密度计量筒：250mL，2 支。

温度计：- 1 ~ 38℃，最小分度值为 0.1℃，最大误差范围 ± 0.1℃，1 支；- 20 ~ 102℃，最小分度值为 0.2℃，最大误差范围 ±0.15℃，1 支。

恒温浴：能容纳量筒，使试样完全浸没在恒温浴液以下，可控制试验温度变化在 ±0.25℃ 以内。

移液管：25mL，1 支。

玻璃或塑料搅拌棒：长约450mm，1支。

表2-1 密度计的技术要求

型号	单位	密度范围	每支单位	刻度间隔	最大刻度误差	弯月面修正值
SY-02		600~1100	20	0.2	±0.2	+0.3
SY-05	kg/m³ (20℃)	600~1100	50	0.5	±0.3	+0.7
SY-10		600~1100	50	1.0	±0.6	+1.4
SY-02		0.600~1.100	0.02	0.0002	±0.0002	+0.0003
SY-05	g/m³ (20℃)	0.600~1.100	0.05	0.0005	±0.0003	+0.0007
SY-10		0.600~1.100	0.05	0.0010	±0.0006	+0.0014

四、实验步骤

1. 试样的准备

将调好温度的试样小心地沿管壁倾入温度稳定、清洁的密度计量筒中，注入量为量筒容积的70%左右。当试样表面有气泡聚集时，要用清洁的滤纸除去气泡。将盛有试样的量筒放在没有空气流动并保持平稳的实验台上。

2. 测试试样温度

用玻璃棒搅拌试样，使量筒中试样的温度和密度均匀，选择合适的温度计插入试样中，记录温度，读数准确到0.1℃。

3. 测量密度范围

将干燥、清洁的密度计小心地放入搅拌均匀的试样中。密度计底部与量筒底部的间距至少保持25mm，否则应向量筒注入试样或用移液管吸出适量试样。

4. 调试密度计

选择合适的密度计慢慢地放入试样中，达到平衡时，轻轻转动一下，放开，使其离开量筒壁，自由漂浮至静止状态，注意不要弄湿密度计干管。把密度计按到平衡点以下1~2mm，放开，其回到平衡位置，观察弯月面形状。如果弯月面形状改变，应清洗密度计干管。重复此项操作直到弯月面形状保持不变。

5. 读取试样密度

测定不透明的黏稠试样时，要等待密度计慢慢沉入到液体中，使眼睛稍高于液面的位置观察，并按图2-1所示方法读数。测定透明低黏度试样时，要将密度计再压入液体中约两个刻度，再放开，待其稳定后，先使眼睛低于液面的位置，慢慢地升到表面，先看到一个不正的椭圆，后变成一条与密度计相切的直线，再按图2-2所示方法读数，记录读数，立即小心地取出密度计。

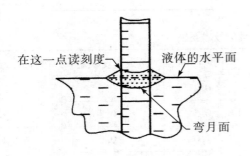

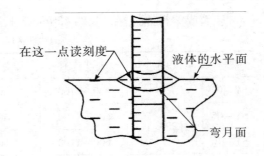

图 2-1　不透明液体的密度计读数方法　　　　图 2-2　透明液体的密度计读数方法

6. 再次测量试样温度

　　用玻璃棒搅拌试样，用温度计测量温度，读数准确到 0.1℃。若与开始试验温度相差大于 0.5℃，应重新读取密度和温度，直到温度变化稳定在 ±0.5℃ 以内。否则，需将盛有试样的量筒放在恒温浴中，再按步骤 2 重新操作。记录连续两次测定的温度和视密度。

五、数据记录与处理

　　温度计读数做有关修正后，记录精确到 0.1℃。由于密度计读数是按液体下弯月面检定的，对不透明液体，应按表 2-1 中给出的弯月面修正值对观察到的密度计读数做弯月面修正。对观察到的密度计读数做有关修正后，记录到 0.1kg/m³（0.0001g/cm³）。根据不同的润滑油液试样，依据 GB/T1885—1998《石油计量表》表 59D 把修正后的密度计读数换算成 20℃ 的标准密度。

　　取重复测定两次结果的算术平均值，作为试样的密度，密度最终结果报告精确到 0.1kg/m³（0.0001g/cm³），20℃。

六、注意事项

　　（1）在整个试验期间，若环境温度变化大于 2℃，则要使用恒温浴，以保证试验结束与开始的温度相差不超过 0.5℃。当密度计用于散装石油计量时，在散装石油温度下或接近散装石油温度（±3℃ 以内）时测定密度，可以减少体积的修正误差。要使密度计量筒和密度计的温度接近试样温度。

　　（2）测定温度前，必须搅拌试样，保证试样混合均匀，记录要准确到 0.1℃。

　　（3）放开密度计时应轻轻转动一下，要有充分的静止时间，让气泡升到表面，并用滤纸除去。

　　（4）塑料量筒易产生静电，妨碍密度计自由漂浮，使用时要用湿布擦拭量筒外，消除静电。

　　（5）根据试样和选用密度计的不同，要规范读数操作。

　　（6）在温度范围为 -2 ~ 24.5℃，同一操作者用同一仪器在恒定的操作条件下，对同一试样重复测定两次，结果之差如下：透明低黏度试样，不应超过 0.0005g/cm³；不透明试样，不应超过 0.0006g/cm³。

七、思考题

1. 简述密度计法测定润滑油密度的原理与方法。

2. 在测定润滑油密度时，如何调试密度计？

3. 已知某润滑油在 32℃下用玻璃密度计测得的视密度为 986.0kg/m³，求该润滑油的标准密度。

实验二　润滑油色度的测定

色度是检验润滑油安定性的重要指标之一。润滑油的颜色与基础油的精制深度及所加的添加剂有关。润滑油在储存和使用过程中，经常会出现颜色变深的现象，可以大致地反映油品氧化、变质和受污染的情况。如呈乳白色，则有水或气泡存在；颜色变深，则氧化变质或污染。

一、实验目的

（1）学习用比色仪测定润滑油色度的方法。
（2）掌握比色仪的实验操作技术。

二、实验原理

将试样注入试样容器中，用一个标准光源将试样与 0.5 ~ 8.0 号排列的颜色玻璃圆片进行比较，以相等的色号作为该试样的色号。如果找不到与试样颜色确切匹配的颜色，而落在两个标准颜色之间，则报告两个颜色中色度较高的一个颜色。

三、仪器与试剂

1. 仪器

比色仪：由光源、玻璃颜色标准板、带盖的试样容器和观察目镜组成。

试样容器：透明无色玻璃容器，仲裁试验用指定规格的玻璃试样杯，常规试验允许用内径为 30 ~ 33.5mm、高为 115 ~ 125mm 的透明平底玻璃试管。

试样容器盖：盖的内面是暗黑色，能完全防护外来光。

2. 试剂

煤油：用于试验时稀释深色试样，要求煤油的颜色比在 1L 蒸馏水中溶解 4.8g 重铬酸钾配成的溶液颜色要浅。

四、实验步骤

1. 试样的预处理

将润滑油试样倒入试样容器中，高度 50mm 以上，观察颜色。如果试样不清晰，可将其加热到高于浊点 6℃ 以上或至浑浊消失，然后在该温度下测其颜色。如果试样颜色比 8.0 号标准颜色更深，则将试样与稀释剂按 15：85（体积比）混合后，测定混合物颜色。

2. 注入试样

将蒸馏水注入试样容器，高度 50mm 以上，放在比色计的格室内，通过格室观测标准玻璃比色板；再将装试样的另一试样容器放进另一格室内。盖上盖子，以隔绝一切外来光线。

3. 测定色度

接通光源，比较试样和标准玻璃比色板的颜色。确定和试样颜色相同的标准玻璃比色板号，当不能完全相同时，则采用相邻颜色较深的标准玻璃比色板号（如表2-2所示）。

表2-2 玻璃颜色标准比色板色号

GB 色号	颜色坐标			发光透射比 $\tau(\lambda)$（CIE 标准光源 D_{65}）
	x	y	z	
0.5	0.462	0.473	0.065	0.86 ± 0.06
1.0	0.489	0.475	0.036	0.77 ± 0.06
1.5	0.521	0.464	0.015	0.67 ± 0.06
2.0	0.552	0.442	0.006	0.55 ± 0.06
2.5	0.582	0.416	0.002	0.44 ± 0.04
3.0	0.611	0.388	0.001	0.31 ± 0.04
3.5	0.640	0.359	0.001	0.22 ± 0.04
4.0	0.671	0.328	0.001	0.152 ± 0.022
4.5	0.703	0.296	0.001	0.109 ± 0.016
5.0	0.736	0.264	0.000	0.081 ± 0.012
5.5	0.770	0.230	0.000	0.058 ± 0.010
6.0	0.805	0.195	0.000	0.040 ± 0.008
6.5	0.841	0.159	0.000	0.028 ± 0.006
7.0	0.877	0.123	0.000	0.016 ± 0.004
7.5	0.915	0.085	0.000	0.0081 ± 0.0016
8.0	0.956	0.044	0.000	0.0025 ± 0.0006

五、数据记录与处理

与试样颜色相同的标准玻璃比色板号作为试样颜色的色号。例如3.0号、7.5号。

如果试样的颜色居于两个标准玻璃比色板色号之间，则报告较深的玻璃比色板色号，并在色号前面加"小于"，例如：小于3.0号、小于7.5号。决不能报告为颜色深于给出的标准，例如：大于2.5号、大于7.5号，除非颜色比8.0号深，则可报告为大于8.0号。

如果试样用煤油稀释，则在报告混合物颜色的色号后面加上"稀释"两个字。

六、注意事项

同一操作者用同一仪器，对同一试样测定的两个结果色号之差不能大于0.5号。

七、思考题

1. 什么是润滑油的色度？
2. 测定润滑油色度有何意义？

实验三　润滑油液运动黏度的测定

物质流动时内摩擦力的量度叫黏度，它是评定润滑油质量的一项重要的理化性能指标，对于生产、运输和使用等都具有重要意义。在实际应用中，选择合适黏度的润滑油品，可以保证机械设备正常可靠地工作。通常，低速、高负荷的应用场合，选用黏度较大的油品，以保证足够的油膜厚度和正常润滑；高速低负荷的应用场合，选用黏度较小的油品，以保证机械设备正常的启动和运转力矩，运行中温升小。机械设备在运转过程中，黏度增加可能是由于油品氧化加快、不溶物增加、高黏度油泄露等因素引起的；黏度降低可能是由于低黏度油品泄露、燃油侵入或过量水分侵入等因素引起的。如果黏度变化剧烈，就必须彻底检查，或者选用更适合的润滑油。

黏度的度量方法分为绝对黏度和相对黏度两大类。绝对黏度分为动力黏度、运动黏度两种；相对黏度有恩氏黏度、赛氏黏度和雷氏黏度等几种表示方法。润滑油的牌号大部分是以某一温度（通常是40℃或100℃）下的运动黏度范围的中心值来划分，是选用润滑油的主要依据。运动黏度表示液体在重力作用下流动时内摩擦力的量度，用符号 ν 表示。运动黏度是液体的动力黏度与其同温度下的密度之比。

一、实验目的

（1）了解润滑油运动黏度测定仪的工作原理。
（2）了解润滑油运动黏度测定的意义。
（3）掌握润滑油运动黏度测定的方法。

二、实验原理

某一恒定的温度下，测定一定体积的液体在重力下流过一个标定好的玻璃毛细管黏度计的时间，黏度计的毛细管常数与流动时间的乘积，即为该温度下测定液体的运动黏度。在温度 T 时运动黏度用符号 ν_T 表示。

三、仪器与试剂

1. 仪器

玻璃毛细管黏度计：一组，毛细管内径为（单位：mm）0.4、0.6、0.8、1.0、1.2、1.5、2.0、2.5、3.0、3.5、4.0、5.0 和 6.0，测定时，应根据试验温度选用合适的黏度计。

玻璃水银温度计：符合 GB/T514—2005 中 GB-9、GB-13 技术要求，各 1 支。

秒表：分度0.1s，1块。

恒温浴：带有透明壁或装有观察孔的恒温浴，其高度不小于180mm，容积不小于2L，并且附设有自动搅拌装置和能够准确地调节温度的电热装置。根据测试的条件，在恒温浴中注入表2-3中列举的一种液体。

表 2 - 3　不同温度使用的恒温浴液体

测定温度/℃	恒温浴液体
50 ~ 100	透明矿物油、丙三醇（甘油）或 25% 硝酸铵溶液
20 ~ 50	水
0 ~ 20	水与冰的混合物，或乙醇与干冰（固体二氧化碳）的混合物
- 50 ~ 0	乙醇与干冰的混合物；若无乙醇，可用无铅汽油代替

2. 试剂

溶剂油或石油醚（60 ~ 90℃，化学纯）；铬酸洗液；95% 乙醇（化学纯）；试样。

四、实验步骤

1. 准备工作

（1）试样预处理。

试样含有水或机械杂质时，在试验前必须经过脱水处理，用滤纸过滤除去机械杂质。

（2）清洗黏度计。

在测定试样黏度之前，必须用溶剂油或石油醚洗涤黏度计，如果黏度计粘有污垢，可用铬酸洗液、水、蒸馏水或用 95% 乙醇依次洗涤。然后放入烘箱中烘干或用通过棉花滤过的热空气吹干。

（3）装入试样。

测定运动黏度时，选择内径符合要求的清洁、干燥的毛细管黏度计（如图 2 - 3 所示），吸入试样。在装试样之前，将橡皮管套在支管 3 上，并用手指堵住管身 2 的管口，同时倒置黏度计将管身 4 插入装着试样的容器中，利用洗耳球（或水流泵、真空泵）将试样吸到标线 b，同时注意不使管身 4、扩张部分 5 和扩张部分 6 中的试样产生气泡和裂隙。当液面达到标线 b 时，从容器中提出黏度计，并迅速恢复至正常状态，同时将管身 4 的管端外壁所沾着的多余试样擦去，并从管 3 取下橡皮管套在管身 4 上。

（4）安装仪器。

将装有试样的黏度计浸入事先准备妥当的恒温浴中，并用夹子将黏度计固定在支架上。固定时，必须把毛细管黏度计的扩张部分 5 浸入一半。

温度计要利用另一支夹子固定，使水银球的位置接近毛细管中央点的水平面，并使温度计上要测温的刻度位于恒温浴的液面上 10mm 处。

2. 调整温度计位置

将黏度计调整成为垂直状态（要利用铅垂线从两个相互垂直的方向去检查毛细管的垂直情况），将恒温浴调整到规定温度，把装好试样的黏度计浸入恒温浴内，按

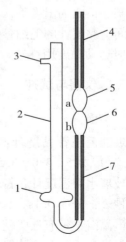

图 2 - 3　毛细管黏度计
1，5，6—扩张部分；2，4—管身；
3—支管；7—毛细管；a，b—标线

表 2-4 规定的时间恒温。试验温度必须保持恒定，波动范围不允许超过 ±0.1℃。

表 2-4　黏度计在恒温浴中的恒温时间

实验温度/℃	恒温时间/min	实验温度/℃	恒温时间/min
80，100	20	20	10
40，50	15	-50~0	15

3. 调试试样液面位置

利用毛细管黏度计管身 4 所套的橡皮管将试样吸入扩张部分 6 中，使试样液面高于标线 a，并注意不要让毛细管和扩张部分 6 中的液体产生气泡或裂隙。

4. 测定试样流动时间

观察试样在管身中的流动情况，液面恰好到达标线 a 时，启动秒表，液面正好流到标线 b 时，停止秒表，记录流动时间。重复测定至少 4 次。按测定温度的不同，每次流动时间与算术平均值的差值应符合表 2-5 中的要求。最后，用不少于 3 次测定的流动时间计算算术平均值，作为试样的平均流动时间。

表 2-5　不同温度下单次测定流动时间与算术平均值的相对误差允许值

测定温度/℃	相对测定误差/%	测定温度/℃	相对测定误差/%
< -30	±2.5	15~100	±0.5
-30~15	±1.5		

五、数据计算与处理

试样的运动黏度计算如下：

$$\nu_T = c\tau_T \tag{2-1}$$

式中，ν_T 为温度 T 时试样的运动黏度（mm²/s）；c 为黏度计常数（mm²/s²）；τ_T 为温度 T 时试样的平均流动时间（s）。

报告运动黏度的实验结果，取四位有效数字，同时报告实验温度。

六、注意事项

（1）试样含水分及机械杂质时，必须进行脱水、过滤处理。因为水分会影响试样的正常流动，杂质易粘附于毛细管内壁，增大流动阻力，均会影响测定结果。

（2）要求在实验温度下，试样通过毛细管黏度计的流动时间不得少于 200s，内径为 0.4mm 的黏度计的流动时间不得少于 350s。否则，若试样通过时间过短，易产生湍流，不符合式（2-1）的使用条件，会使测定结果产生较大的偏差。若通过时间过长，则不易保持温度恒定，也可引起测定偏差。所选择黏度计可参照表 2-6。

表 2 – 6　毛细管黏度计及所测黏度范围参考表

毛细管内径/mm	可测黏度范围/（mm² · s⁻¹）	毛细管内径/mm	可测黏度范围/（mm² · s⁻¹）
0.4	1.5 以下	2.5	200 ~ 700
0.6	2 ~ 6	3.0	500 ~ 1000
0.8	4 ~ 10	3.5	700 ~ 2500
1.0	10 ~ 40	4.0	1000 ~ 5000
1.2	20 ~ 50	5.0	2500 ~ 5000
1.5	40 ~ 100	6.0	5000 ~ 10000
2.0	100 ~ 400		

（3）毛细管黏度计必须洗净、烘干。毛细管黏度计、温度计必须定期检定。

（4）油品的运动黏度随温度升高而降低，变化很明显，为此规定试验温度必须保持恒定，否则，会使测定结果产生较大的误差。

（5）必须严格控制试样装入量，不能过多或过少。吸入黏度计的试样不允许有气泡，因为气泡不但会影响装油体积，而且进入毛细管后还能形成气塞，增大流体流动阻力，使流动时间增长，测定结果偏高。

（6）黏度计必须调整成垂直状态，否则会改变液柱高度，引起静压差的变化，使测定结果出现偏差。黏度计向前倾斜时，液面压差增大，流动时间缩短，测定结果偏低。黏度计向其他方向倾斜时，都会使测定结果偏高。

（7）严格控制黏度计在恒温浴中的恒温时间。

（8）试样在黏度计中流动时，应防止油浴振动，必要时将搅拌机减速或停止。秒表必须专用，并定期检定。

七、思考题

1. 测定润滑油的黏度对生产和使用有何意义？

2. 为什么装入黏度计中的试样不许存有气泡？

3. 某黏度计常数为 0.4780 mm²/s，在 40℃，试样的流动时间分别为 318.0 s、322.4 s、322.6 s 和 321.0 s，试求试样运动黏度的测试结果。

实验四　润滑油液倾点的测定

润滑油试样在规定的试验条件下，被冷却的试样能够流动的最低温度称为倾点。倾点是表示润滑油低温流动性的重要指标。温度很低时，黏度变大，甚至变成无定形的玻璃状物质，失去流动性。因此在生产、运输和使用润滑油时应根据环境条件和工况选用相适应的倾点。

一、实验目的

（1）掌握润滑油倾点的测定方法和操作技术。
（2）了解倾点对润滑油生产及使用的重要性。

二、实验原理

润滑油试样经预加热后，在规定的速率下冷却，每隔 3℃ 检查一次试样的流动性。如果装有试样的试管平放 5s，液面不动，则将该次温度记下并加上 3℃ 即为试样的倾点。

三、主要仪器

1. 测定试管及组件

试管：由平底、圆筒状的透明玻璃制成，内径 30.0 ~ 32.4mm，外径 33.2 ~ 34.8mm，高 115 ~ 125mm，壁厚不大于 1.6mm。距试管内底部 54mm ± 3mm 处标有一条长刻线，表示内容物液面的高度。

温度计：局浸式，符合表 2-7 的要求。

表 2-7　温度计技术条件

项目	低浊点和低倾点用温度计	高浊点和高倾点用温度计	熔点用温度计
温度范围/℃	-80 ~ 20	-38 ~ 50	32 ~ 127
浸没深度/mm	76	108	79
分度值/℃	1	1	0.2
长刻线间隔/℃	5	5	1
数字标刻间隔/℃	10	10	2
示值允差/℃	1（> -33℃时） 2（≤ -33℃时）	0.5	0.2
安全泡允许加热温度/℃	60	100	150
总长度/mm	230 ± 5	230 ± 5	380 ± 5
棒外径/mm	7 ± 1	7 ± 1	7 ± 1
感温泡长/mm	8.5 ± 1.5	8.5 ± 1.5	23 ± 5

（续表）

项目	低浊点和低倾点用温度计	高浊点和高倾点用温度计	熔点用温度计
感温泡外径/mm	≥5.0 且≤棒外径	≥5.5 且≤棒外径	5.5 ±0.5
感温泡底部至刻线温度/℃	−70	−38	32
感温泡底部至刻线的距离/mm	110 ±10	125 ±5	110 ±5
刻度范围长度/mm	85 ±15	75 ±10	220 ±20

软木塞：配试管用，塞的中心打有插温度计的孔。

套管：由平底、圆筒状金属制成，不漏水，能清洗，内径 44.2 ~ 45.8mm，壁厚约 1mm，高 115mm ±3mm。套管在冷浴中应能维持直立位置，高出冷却介质不能超过 25mm。

圆盘：软木或毛毡制成，厚约 6mm，直径与套管内径相同。

垫圈：由橡胶、皮革或其他适当的材料制成。环形，厚约 5mm，有一定的弹性，要求能紧贴住试管外壁，而套管内壁保持宽松。还要求垫圈要有足够的硬度，以保持其形状。环形垫圈的用途是防止试管与套管直接接触。

2. 恒温冷浴

冷浴缸的尺寸和形状是任意的，但要达到实验所规定的温度，并要能把套管紧紧地固定在垂直的位置。浴温应用合适的、浸入正确浸没深度的温度计来监控。当测定倾点温度低于 9℃的油品时，需用两个或更多的冷浴缸。所需的浴温可以用制冷装置或合适的冷却剂来维持。冷浴缸的浴温要求维持在规定温度的 ±1.5℃范围之内。图 2 - 4 为倾点测定仪示意图。

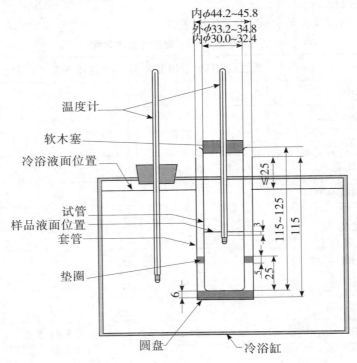

图 2 - 4　倾点测定仪（单位：mm）

四、实验步骤

1. 将清洁试样倒入试管中直至刻线处

如有必要，试样可先在水浴中加热至流动，再倒入试管内。已知在试验前24h内曾被加热超过45℃的样品，或是不知其受热经历的样品，均需在室温下放置24h后，方可进行试验。

2. 在试管中安装温度计

用插有高浊点和高倾点用温度计的软木塞塞住试管，如果试样的预期倾点高于36℃，使用熔点用温度计（见表2-7）。调整软木塞和温度计的位置，使软木塞紧紧塞住试管，要求温度计和试管在同一轴线上。让试样浸没温度计水银球，使温度计的毛细管起点浸在试样液面下3mm的位置。

3. 将试管中的试样进行预处理

预期倾点高于-33℃的试样：将试样在不搅拌的情况下，放入已保持在高于预期倾点12℃、但至少是48℃的浴中，将试样加热到45℃或高于预期倾点9℃（选择较高者）。将试管转移到已维持在24℃±1.5℃的浴中。当试样达到高于预期倾点9℃（估算为3℃的倍数）时，开始按规定检查试样的流动性。如果当试样温度已达到27℃时，试样仍能流动，则小心地从浴中取出试管，用一块清洁且沾擦拭液的布擦试管外表面，然后将试管转移到0℃的浴中继续实验。

预期倾点为-33℃和低于-33℃的试样：试样在不搅动的情况下在48℃浴中加热至45℃，然后将其放在6℃±1.5℃浴中冷却至15℃。当试样温度达到15℃时，小心地从浴中取出试管，用一块清洁的、沾擦拭液的布擦拭试管外表面，然后取下高浊点和高倾点用温度计，换上低浊点和低倾点用温度计。将试管放在0℃浴中，再按规定的步骤依次继续降温。当试样温度达到高于预期倾点9℃时，按规定观察试样的流动性。

4. 观察试样的流动性

从高于预期倾点9℃开始第一次观察温度，每降低3℃都应将试管从浴或套管中取出（根据实际使用情况），将试管充分地倾斜以确定试样是否流动。取出试管、观察试样流动性和试管返回到浴中的全部操作要求不超过3s。要特别注意不能搅动试样中的块状物，也不能在试样冷却至足以形成石蜡结晶后移动温度计。因为搅动石蜡中的多孔网状结晶物会导致偏低或错误的结果。

当试管倾斜而试样不流动时，应立即将试管放置于水平位置5s（用计时器计时），并仔细观察试样表面。如果试样显示出有任何移动，应立即将试管放回浴或套管中（根据实际使用情况），待再降低3℃时，重新观察试样的流动性。按此方式继续操作，直至试管置于水平位置5s，试管中的试样不移动，记录此时观察到的温度计读数。

如果试样在0℃浴中的温度达到9℃时仍在流动，则将试管转移到下一个更低温度的浴中，并按下述程序在6℃、-24℃和-42℃时进行同样的转移。

（1）试样温度达到9℃，移到-18℃浴中；

（2）试样温度达到 -6℃，移到 -33℃浴中；

（3）试样温度达到 -24℃，移到 -51℃浴中；

（4）试样温度达到 -42℃，移到 -69℃浴中。

五、数据记录与处理

将实验步骤 4 中记录得到的结果上加 3℃，作为试样的倾点或下倾点（根据实际使用情况），取重复测定的两个结果的平均值作为试验结果，并取整数。

六、注意事项

（1）试样经过不同的加热过程，对倾点的测定结果影响很大，要严格执行实验步骤 1 中的要求。

（2）在插入试管之前，要保证圆盘、垫圈和套管的内壁是清洁和干燥的，并将圆盘放在套管的底部，圆盘和套管应放入冷浴中至少冷却 10min。将垫圈放在试管的外壁，离底部约 25m，并将试管插入套管。除 24℃和 6℃浴之外，其余情况都不能将试管直接放入冷却介质中。

（3）在低温时，冷凝的水雾会妨碍观察。可以用一块清洁的布蘸与冷浴温度接近的擦拭液擦拭试管以除去外表面的水雾，但要保证从取出试管、观察试样流动性到试管返回浴中的全部操作不要超过 3s。

（4）对于测定倾点规格值不是 3℃倍数的润滑油，也可按下述规定进行测定：从试样温度高于倾点规格值 9℃时开始检查试样的流动性，然后按标准步骤以 3℃的间隔观察试样，直到试样的规格值，报告试样通过或不通过规格值。

（5）同一操作者，使用同一仪器，用相同的方法对同一试样测得的两个连续试验结果之差不应大于 3℃。

七、思考题

1. 测定润滑油的倾点对生产和使用有何意义？
2. 简述测定润滑油倾点的方法原理？

实验五 润滑油液闪点和燃点的测定

润滑油在规定的条件下，加热到所逸出的蒸气与空气所形成的混合气与火焰接触发生瞬间闪火时的最低温度称为闪点。润滑油在规定的条件下，加热到它的蒸气能被接触的火焰点着并燃烧不少于5s时的最低温度称为燃点。

润滑油闪点的高低，取决于润滑油中轻质组分的含量。轻质润滑油或含轻质组分多的润滑油，其闪点较低。相反，重质润滑油或含轻质组分少的润滑油，其闪点较高。闪点是表示润滑油蒸发性的指标，闪点低的润滑油，蒸发性高，容易着火，安全性差。润滑油蒸发性高，在工作过程中容易蒸发损失，严重时甚至引起润滑油黏度增大，影响润滑油的使用。重质润滑油的闪点如突然降低，可能发生轻油混入事故。同时，闪点又是表示油品着火危险性的指标，对油品储存、运输和使用安全意义重大。用户在选用润滑油时应根据使用温度和润滑油的工作条件进行选择。一般要求润滑油的闪点比使用温度高20～30℃，以保证使用安全和减少挥发损失。

测定闪点可以检查是否混油或使用过的润滑油是否被轻质燃料稀释。汽油机润滑油和柴油机润滑油如有燃料流入曲轴箱，就会使润滑油稀释，并且闪点随流入燃料的增多而降低。因此可以从润滑油的闪点是否降低，检查出是否有轻质油品混入。闪点的测定方法分为开口杯法和闭口杯法。同一种润滑油，通常闭口闪点低于开口闪点，因为开口闪点测定器所产生的油蒸气能自由地扩散到空气中，相对不易达到可闪火的温度。一般蒸发性较大的润滑油多测闭口闪点，多数润滑油及重质油的蒸发性较小，则多测开口闪点。

一、实验目的

（1）掌握润滑油闪点和燃点测定的意义。
（2）了解润滑油开口闪点和燃点测定的原理和方法。
（3）学习润滑油开口闪点和燃点测定的实验操作技术。

二、实验方法

本实验采用克利夫兰开口杯法，适应于测定开口闪点高于79℃的油品。将试样装入试验杯至规定的刻度线。首先迅速升高试样的温度，然后缓慢升温，当接近闪点时，恒速升温。在规定的温度间隔，用一个小的试验火焰扫过试验杯，使试验火焰引起试样液面上部蒸气发生闪火的最低温度即为开口闪点。如需测定燃点，应继续进行试验，直到试验火焰引起试样液面的蒸气着火并至少维持燃烧5s的最低温度即为开口燃点。在环境大气压下测得的闪点和燃点用公式修正到标准大气压下的闪点和燃点。

三、仪器与试剂

1. 仪器

克利夫兰开口闪点测定器：包括一个试验杯、加热板、试验火焰发生器、加热器和支架。

防护屏：460mm×460mm×610mm，有一个开口面，内壁涂成黑色。

温度计：符合 GB/T514—2005 中的 GB-5 号要求。

气压计：精度 0.1kPa。

2. 试剂与材料

清洗溶剂；钢丝绒；润滑油试样。

四、实验步骤

1. 安装测定装置

将测定装置放在避风暗处，用防护屏围好，以便看清闪火现象。此步骤的目的是在预期闪点前 18℃ 时，能避免由于试验操作或凑近试验杯呼吸引起油蒸气游动而影响实验结果。

2. 清洗试验杯

用清洗溶剂洗涤试验杯，以除去前次试验留下的胶质或残渣痕迹（如果有碳的沉积物、可用钢丝绒除去）。用清洁的空气吹干试验杯，以确保除去所有溶剂。使用前应将试验杯冷却到预期闪点前 56℃。

3. 装好温度计

将温度计旋转在垂直位置，使其球底离试验杯底 6mm，并位于试验杯中心与边之间的中点和测试火焰扫过弧（或线）相垂直的直径上，而且在点火器的对边。

4. 记录大气压

观察气压计，记录实验期间仪器附近环境大气压。

5. 装入试样

将试样装入试验杯中，使弯月面的顶部恰好到试验杯刻线。若注入试验杯中的试样过多，则用移液管或其他适当的工具取出多余的试样。若试样沾到仪器的外边，则倒出试样，洗净后再重装。要除去试样表面上的气泡。

6. 点燃试验火焰

点燃试验火焰，并调节火焰直径到 3.2~4.8mm。若仪器上安装了金属比较小球，则与金属比较小球直径相同。

7. 控制升温速度

开始加热时，试样的升温速度为 14~17℃/min，当试样温度到达预期闪点前 56℃ 时，减慢加热速度，使在闪点前最后 23℃±5℃ 时为 5~6℃/min。

8. 点火试验

在预期闪点前 23℃±5℃ 时，开始用试验火焰扫划，温度计上的温度每升高 2℃ 就扫划一次。试验火焰必须在通过温度计直径的直角线上划过试验杯的中心。动作要平稳、连续，扫划时以直线或沿半径至少为 150mm 的周围来进行。试验火焰的中心必须在试验杯上边缘面 2mm 以内的平面上移动，先向一个方向扫划，再向相反的方向扫划。试验火焰每次越过试验杯所需时间约为 1s。

9. 测定闪点

当试样液面上任一点出现闪火时，立即记下温度计上的温度读数作为观察闪点。注意：不要把在试验火焰周围有时产生的淡蓝色光环与真正闪点相混淆。

10. 测定燃点

如果还需要测定燃点，则应继续加热（试样的升温速度为 5~6℃/min），使用试验火焰，试样每升高 2℃ 就扫划一次，直到试样着火并能连续燃烧不少于 5s，此时立即从温度计读出温度作为观察燃点。

五、数据记录与处理

当环境大气压为 98.0~104.7kPa 时，闪点或燃点用式（2-2）进行大气压（标准大气压为 101.3kPa）修正，结果取整数。

$$T_c = T_0 + 0.25 \ (101.3 - p) \tag{2-2}$$

式中，T_c 为修正到标准大气压下的闪点或燃点（℃）；T_0 为观察的闪点或燃点（℃）；p 为环境大气压（kPa）。

取重复测定两个结果的闪点或燃点，经过大气压修正后的平均值作为克利夫兰开口杯闪点或燃点。

六、注意事项

（1）仪器应放置在无空气流的房间里，并放在平稳的台面上。为便于观察试验的闪点，应使用合适的方式，在仪器顶部作一个遮光板，防强光照射，如果不能避免空气流，最好用防护屏挡在仪器周围。若样品产生有毒蒸气，应将仪器放置在能单独控制空气流的通风柜中，通过调节使蒸气可抽走，但空气流不能影响试验杯上方的蒸气。

（2）样品含水时，必须先脱水。因为在加热油品时，水汽化形成的水蒸气会稀释混合气，水在油品中形成的泡沫也会覆盖在液面上影响正常的汽化，从而推迟闪火时间，使测定结果偏高。有的含水样品在加热时会溢出杯外，有的发生迸溅干扰自动闪点的测定。

（3）测试过程中仪器附近的空气扰动，可对测定结果产生严重影响，因而要特别注意，人员的走动也要尽量避免。

（4）加入的样品量会影响测定结果。加入的样品量多，会使测定结果偏低；反之，会使测定结果偏高。

（5）点火用火焰的大小、离液面的高低及停留时间长短，均会影响测试结果。点火用的球形火焰比规定的大，会使测定结果偏低。火焰在液面上移动的时间越长，离液面越低，则所测的结果偏低，反之则偏高。

（6）要控制好加热速度，加热速度快，单位时间内蒸发出的油蒸气多而扩散损失少，使测定结果偏低，反之则偏高。

（7）样品的蒸发速度除与加热的温度有关外，还与大气压力有关。大气压力低，油品易挥发，测试的闪点低，反之则偏高。这就是要将观察到的闪点修正到标准大气压下的缘故。

（8）同一操作者，使用同一仪器对同一试样连续测定的两个实验结果之差对于闪点和燃点均不能超过8℃。

七、思考题

1. 什么是润滑油的闪点和燃点？
2. 测定润滑油闪点对生产和应用有何意义？
3. 油液含水对测定闪点有什么影响？

实验六　润滑油液酸值的测定

酸值是润滑油中含有无机酸（强酸值）和有机酸（弱酸值）的总含量（总酸值，简称TAN），用中和 1g 油样所需氢氧化钾毫克数表示，单位是 mg（KOH）/g。通常说的酸值是指"总酸值"。润滑油酸值的大小可以衡量润滑油在储存和使用过程中被氧化变质的程度，而且对润滑油的使用有很大影响。润滑油的酸值大，说明其有机酸含量高，有可能对机械零件造成腐蚀，尤其是有水存在时，腐蚀作用更明显，酸值大到一定程度就应该换油。

一、实验目的

（1）掌握润滑油酸值测定的意义。
（2）了解润滑油酸值测定的原理和方法。
（3）学习润滑油酸值测定的实验操作技术。

二、实验原理

用沸腾乙醇抽出试样中的酸性成分，然后用 KOH - 乙醇溶液进行滴定。中和 1g 油样所需氢氧化钾毫克数表示酸值。

三、仪器与试剂

1. 仪器

锥形烧瓶：250mL 或 300mL。
球形回流冷凝管：长约 300mm。
微量滴定管：2mL，分度为 0.02mL。
电热板或水浴。

2. 试剂

氢氧化钾：分析纯，配成 0.05mol/L KOH - 乙醇溶液。
95% 乙醇：分析纯。
碱性蓝 6B：配制溶液时，称取碱性蓝 1.00g，然后将它加在 50mL 煮沸的 95% 乙醇中，并在水浴中回流 1h，冷却后过滤。必要时，煮热的澄清滤液要用 0.05mol/L KOH - 乙醇溶液或 0.05mol/L 盐酸溶液中和，直至加入 1～2 滴碱溶液能使指示剂溶液从蓝色变成浅红色而在冷却后又能恢复为蓝色为止。

四、实验步骤

（1）用清洁干燥的锥形瓶称样 10.0g（称准至 0.2g）。
（2）用另一个干净的锥形瓶加入 50mL 95% 乙醇溶液，装上回流冷凝管，加热回流，将乙醇煮沸 5min，以除去溶解在乙醇中的二氧化碳。
（3）在煮沸过的乙醇中加入 0.5mL 碱性蓝 6B 指示剂，趁热用 0.05mol/L KOH - 乙醇溶液中和，直至溶液由蓝色变成浅红色为止。

（4）将中和过的 95% 乙醇注入已称好试样的锥形瓶中，并装上回流冷凝管，不断摇动，煮沸 5min。

（5）将煮沸的混合液加入 0.5mL 碱性蓝 6B 指示剂，趁热用 0.05mol/L KOH - 乙醇溶液滴定直至由蓝色变成浅红色为止。每次滴定过程中，自锥形瓶停止加热到滴定终点时间不应超过 3min。

五、数据记录与处理

试样的酸值 X 用 mg（KOH）/g 的数值表示，按式（2-3）计算：

$$X = \frac{V \times n \times 56.1}{G} \tag{2-3}$$

式中，V 为滴定时所消耗 KOH - 乙醇溶液的体积（mL）；n 为 KOH - 乙醇溶液的摩尔浓度（mol/L）；G 为试样的重量（g）。

取重复测定两个结果的算术平均值作为试样的总酸值，结果精确到 0.001mg（KOH）/g。

六、注意事项

（1）所用乙醇的纯度要合乎要求，必要时应加以提纯处理，以除去所含的酸、醛和其他干扰物。

（2）滴定时动作要迅速，尽量缩短滴定时间，以减少二氧化碳对测定的影响。

（3）各次测定所加指示剂的量要相同，不能加太多，以免引起滴定误差。

（4）滴定至终点附近时，应逐滴加入碱液，在估计差一两滴就要到达终点时，改为半滴半滴加，以减少滴定误差。

（5）为了便于观察指示剂的变色，可在锥形瓶面衬以白纸或铺以白色瓷板，使滴定在白色背景下进行。

（6）油品颜色很深时，往往不适合用指示剂测定酸度（值），必须改用电位滴定或其他方法确定终点。

（7）同一操作者重复测定两个结果之差不应超过表 2-8 所示数值。

表 2-8 重复测定酸值两个结果之差的允许值

单位：mg（KOH）/g

测定范围	差值	测定范围	差值
0.00 ~ 0.1	0.02	>0.5 ~ 1.0	0.07
>0.1 ~ 0.5	0.05	>1.0 ~ 2.0	0.1

七、思考题

1. 测定润滑油酸值时应注意哪些事项？
2. 测定润滑油酸值对生产和应用有何意义？
3. 为什么测定润滑油酸值采用 95% 的乙醇而不用水作为溶剂？

实验七　润滑油液中水分的测定

润滑油产品指标中的水分是指其含水量的质量百分数。存在于润滑油中的水分一般呈三种状态：游离水、乳化水和溶解水。一般游离水比较容易脱去，而乳化水和溶解水就不易脱去。

润滑油中不应含有水分，因润滑油中水分的存在会促使油品氧化变质，破坏润滑油形成的油膜而使润滑效果变差，加速有机酸对金属的腐蚀作用而锈蚀设备，使油品容易产生沉渣；而且会使添加剂（尤其是金属盐类）发生水解反应而失效，产生沉淀，堵塞油路，妨碍润滑油的过滤和供油。不仅如此，润滑油中如有水分，当在低温下使用时，由于接近冰点使润滑油流动性变差，黏温性能变坏；当使用温度高时，水汽化，不但破坏油膜，而且产生气阻，影响润滑油的循环。因此，用户必须在使用、储存中精心保管油品，注意使用前和使用中要检查有无水分，必要时要进行脱水处理。

一、实验目的

（1）掌握润滑油水分测定的意义。
（2）掌握蒸馏法测定润滑油水分的操作技术。
（3）掌握润滑油水分含量的计算和表示方法。

二、实验原理

利用蒸馏的原理，将一定量的试样和无水溶剂混合，在规定的仪器中进行蒸馏，溶剂和水一起蒸发出并冷凝在一个接收器中不断分离，由于水的密度比溶剂大，水便沉淀在接收器的下部，溶剂返回蒸馏瓶进行回流。根据试样的用量和蒸发出水分的体积，计算出试样所含水分的质量分数，作为石油产品所含水分的测定结果。当水的质量分数小于 0.03% 时，认为是痕迹；如果接收器中没有水，则认为试样无水。

三、仪器与材料

1. 仪器

水分测定器：包括容量为 500mL 的圆底烧瓶，接收器和长度为 250～300mm 的直管式冷凝管，如图 2－5 所示。

水分测定器各部分连接处，可以用磨口塞或软木塞连接。
但仲裁试验时，必须用磨口塞连接，接收器的刻度在 0.3mL 以下设有 10 等分的刻线，0.3～1.0mL 设有七等分的刻线，1.0～10mL 每分度为 0.2mL。

2. 试剂与材料

溶剂：工业溶剂油或直馏汽油 80℃以上的馏分，溶剂在使用前必须脱水和过滤。

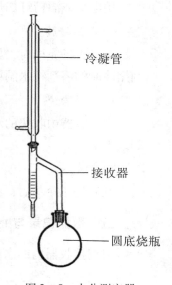

冷凝管

接收器

圆底烧瓶

图 2－5　水分测定器

无釉瓷片（素瓷片）、沸石或一端封闭的玻璃毛细管，在使用前必须烘干。

试样。

四、实验步骤

1. 摇匀试样

将黏稠或含蜡试样预热到 40～50℃，摇动 5min，混合均匀。

2. 称量试样

向洗净并烘干的圆底烧瓶中加入试样 100.0g，称准至 0.1g。

3. 加入溶剂油、沸石

用量筒量取 100mL 溶剂油，注入圆底烧瓶中，将其与试样混合均匀，并投放 3～4 片无釉瓷片（素瓷片）或沸石等。

4. 安装装置

将洁净、干燥的接收器通过支管紧密地安装在圆底烧瓶上，使支管的斜口进入烧瓶颈部 15～20mm。然后在接收器上连接直管冷凝管，冷凝管的内壁要预先烘干。用胶管连接好冷凝管上、下水出入口。

5. 加热

用电炉或酒精灯加热圆底烧瓶，并控制回流速度，使冷凝管斜口每秒滴下 2～4 滴液体。

6. 剧烈沸腾

蒸馏将近完毕时，如果冷凝管内壁有水滴，应使烧瓶中的混合物在短时间内剧烈沸腾，利用冷凝的溶剂将水滴尽量洗入接收器中。

7. 停止加热

当接收器中收集的水体积不再增加而且溶剂上层完全透明时，停止加热。回流时间不应超过 1h。

8. 读数

圆底烧瓶冷却后，将仪器拆卸，读出接收器收集的水体积。

五、数据记录与处理

根据接收器内的水量及所取试样量，由式（2-4）计算试样的水分质量百分数 X。

$$X = \frac{V\rho}{m} \times 100\% \tag{2-4}$$

式中，X 为试样含水质量分数（%）；V 为接收器收集水的体积（mL）；ρ 为水的密度（g/cm³）；m 为试样的质量（g）。

室温下水的密度视为 1g/cm³，此时水的体积（单位 cm，即 mL）与其质量（单位 g）在数值上相等，当试样为（100±1）g 时，可直接用接收器中收集到水的体积（单位 mL）的数值作为含水质量分数。

取两次测定结果的算术平均值，作为试样的水分。

试样的水分少于 0.03%，认为是"痕迹"。在仪器拆卸后，接收器中没有水存在，认为试样无水。

六、注意事项

（1）水在一个石油产品样品中的分布通常是不均匀的，特别是水含量较高时，所以取样前要将试样充分混合均匀，凝固的试样应先加热熔化再混合，但温度不要太高。

（2）溶剂必须脱水，仪器必须干燥。

（3）蒸馏前应往烧瓶中投入几粒无釉瓷片，以便烧瓶中液体热至沸腾时能形成许多细小的空气泡，保证液体均匀沸腾，不致发生突沸。

（4）对于含水量多的油品，蒸馏时不能加热太快。否则，可能产生强烈的沸腾现象，造成冲油，引起火灾。

（5）要保障整个蒸馏系统的密闭性，使蒸气不泄漏。加热过快或塞子漏气使部分蒸气不经冷凝而逸出时，试验必须重做。

（6）控制好加热功率，防止蒸气不经过冷凝而逸出，使水分的测定结果偏低。可以在冷凝管的上端外接一个干燥管，以免空气中的水蒸气进入冷凝管凝结。

（7）当试样水分超过 10% 时，可酌情减少试样的称取量，要求蒸出的水分不超过 10mL。但也要注意，若试样称量太少，则会降低试样的代表性，影响测定结果的准确性。

（8）当接收器中的溶剂呈现浑浊时，将接收器放入热水中浸 20~30min，使溶剂澄清，待接收器冷却至室温时，再读出管底收集水的体积。

（9）两次测定，收集到的水的体积差，不应超过接收器的一个刻度。

七、思考题

1. 润滑油水分的来源和存在状态有哪几种？
2. 润滑油水分测定中（蒸馏法）加入溶剂的作用是什么？
3. 测定润滑油水分对生产和应用有何意义？

实验八　润滑油液氧化安定性的检测

在一定的条件下，润滑油与氧接触时会发生反应而生成一些新的氧化产物，这些反应称为润滑油的氧化。润滑油抵抗大气（或氧气）的作用而保持其性质不发生永久变化的能力称为润滑油抗氧化性，亦称氧化安定性。润滑油的氧化安定性是反映润滑油在实际使用、储存和运输中氧化变质或老化倾向的重要特性。

润滑油的氧化速度、深度及氧化产物的性质一般由润滑油本身的化学组成、外部的条件及使用中的不同状况这几个因素决定。润滑油氧化后，会发生黏度增大、酸值升高、颜色变深、表面张力下降等现象，进一步氧化还会生成沉淀、胶状物质和酸性物质，从而引起金属腐蚀，并使泡沫性和抗乳化性变差，缩短油品的使用寿命。沉淀物和胶状物质沉积在摩擦面上还会造成严重的磨损和机件粘结。氧化安定性是润滑油必须控制的质量指标之一，对长期循环使用的汽轮机油、变压器油、内燃机油以及与大量压缩空气接触的空气压缩机油等更是重要。

润滑油的氧化安定性实验，一般是将油与空气或氧气充分接触状态下加热到一定温度，并且用催化剂促进氧化，然后作为判断油品抗氧化能力的指标。氧化安定性实验可分为三种类型：一是直接用氧气压力下降程度以测其氧气的吸收量；二是测定油的物理化学性质变化；三是分析氧化生成物。本实验用旋转氧弹法测定润滑油的氧化安定性。

一、实验目的

（1）掌握润滑油氧化安定性测定的意义。
（2）了解润滑油氧化安定性测定的原理和方法。
（3）学习旋转氧弹法测定润滑油氧化安定性的实验操作技术。

二、实验方法

将油样、水和催化剂铜线圈放入一个带盖的玻璃盛样容器内，置于装有压力表的氧弹中。氧弹充入 620kPa 压力的氧气，在规定的恒温浴中以一定的速度轴向旋转。实验达到规定的压力降所需的时间（min）即为油样的氧化安定性。

三、仪器与试剂

1. 仪器

旋转氧弹试验组件包括：氧弹、带有四个孔的聚四氟乙烯盖子的玻璃盛样器、固定弹簧、催化剂线圈、压力表、温度计、搅拌器和试验油浴。仪器示意图如图 2－6 所示。具体细节参阅 SH/T0193—2008。

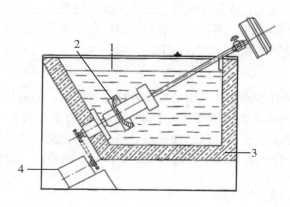

图 2 - 6　旋转氧弹试验仪器示意图
1—液面；2—转动托架（100r/min）；3—绝热层；4—驱动装置

2. 试剂和材料

异丙醇、液体洗涤剂、正庚烷、丙酮、水、聚硅氧烷润滑脂。

氧气：纯度不低于 99.5%，可调压力至 620kPa。

氢氧化钾醇溶液（1%）：将 12g 氢氧化钾溶解在 1L 的异丙醇溶液中。

碳化硅砂布：粒度 100 目。

催化剂线圈：电解铜丝，直径 1.63mm ± 0.01mm，纯度 99.9%，符合 GB/T3953 的规定，相同级别的软铜丝也可使用。

溶剂油：符合 GB1922 中 2 号或 3 号溶剂油的规定。

四、实验步骤

1. 催化剂的准备

在使用前，用碳化硅砂布将 3m 长的铜丝磨光，并用清洁、干燥的布将铜丝上的磨屑擦干净。将铜丝绕成外径为 44～48mm、质量为 55.6g ± 0.3g，延伸高度为 40～42mm 的线圈。用异丙醇清洗并用空气干燥，如果需要，将线圈旋转插入玻璃盛样器中。每个样品使用一个新线圈。如果需要储存时间较长，可将线圈放在干燥的惰性气体中备用；过夜储存（<24h），可将线圈置于正庚烷中。

2. 氧弹的清洗

用热的液体洗涤剂清洗氧弹体、平盖和弹柄内侧，并用水漂洗干净。用异丙醇冲洗弹柄内侧并用清洁的压缩空气吹干。如果氧弹体、平盖和弹柄内侧经简单清洗后仍可闻到酸味，要用 1% 的氢氧化钾醇溶液清洗并重复上面的步骤。注意：没有消除氧化残渣会给试验结果带来不利影响！

3. 玻璃容器的清洗

先用合适的溶液（溶剂油或丙酮）清洗和漂洗，然后在含水的洗涤溶液中浸泡或刷洗。用自来水充分擦洗和冲刷，再用异丙醇和蒸馏水冲洗，最后用空气干燥。如果有不溶物，在酸性溶液中浸泡一个晚上，并从自来水冲洗的步骤开始重复。

聚四氟乙烯盖子的清洗：用合适的溶剂去掉残余油迹并用洗涤溶液冲洗干净。用自来水充分漂洗，接着用蒸馏水漂洗，最后用空气干燥。

4. 装弹

称量装有新清洁好的催化剂线圈的玻璃盛样器的质量。向盛样器内加入 50g ± 0.5g 的试样并加入 5mL 水。另外再向弹体中加入 5mL 水，并将样品盛样器轻轻滑入弹体中。在盛样器上盖上聚四氟乙烯盖子，并在聚四氟乙烯盖子的顶部放置一个固定弹簧。在氧弹平盖密封槽中的"O"形密封圈的外层涂上一层薄薄的聚硅氧烷润滑脂来提供润滑，将氧弹平盖插入氧弹体中。

5. 用手拧紧锁环

在压力表螺纹接头的螺纹上涂一层薄薄的聚硅氧烷润滑脂（聚四氟乙烯管带可代替聚硅氧烷润滑脂），并将压力表拧进氧弹沟槽的顶部中央。将与压力表相连接的氧气管线连接到氧弹弹柄的进口阀上，慢慢拧开氧气输送阀门直到压力达到 620kPa，关上氧气输送阀门，拧松接头或使用一个泄放阀慢慢释放压力。重复吹扫两次以上，吹扫要持续大约 3min。注意：在室温（25℃）时，调节氧气调节阀使压力达到 620kPa。对于汽轮机油，温度每高于或低于室温（25℃）2.8℃，压力就应相应增加或减少 7kPa，以获得所需的初始压力。当氧弹充满至所需的压力后，用手关紧进口阀门。如有必要，可将氧弹浸入水中试漏。

6. 氧化

在搅拌情况下，使油浴达到规定的试验温度（汽轮机油为 150℃，绝缘油为 140℃）。关闭搅拌器，将氧弹插入转动架中，并记录时间。重新启动搅拌器。如果使用一个附加的加热器，在最初的 5min 内保持运行然后关闭。在氧弹插入油浴 15min 内，油浴的温度要稳定到试验温度。保持试验温度在 ±0.1℃ 范围内。

7. 结束

在整个试验中，保持氧弹完全浸没并连续匀速地转动。标准转动速度为 100r/min ± 5r/min，任何可察觉到的转速波动都会导致错误的结果。当压力从最高点下降超过 175kPa 时，试验结束。

试验结束后，从油浴中取出氧弹并冷却到室温。尽快将氧弹浸入轻质矿物油中并在里面搅几下，快速洗掉附着在上面的浴油。用热水清洗氧弹并在冷水中浸泡使其快速达到室温，也可以让氧弹在空气中冷却到室温。释放掉多余的氧压并打开氧弹。

五、数据记录与处理

图 2 - 7 为两个旋转氧弹试验的压力与时间曲线。

根据图 2 - 7 曲线 A，观察记录的压力 - 时间曲线并确立曲线中的平稳压力。记录压力从平稳压力下降 175kPa 的时间（min）。如果是重复试验，两个平稳压力之差不应超过 35kPa。

根据图 2 - 7 曲线 B，观察记录的压力 - 时间曲线并确立试验在初始 30min 内达到的最大压。记录压力从最大压力下降 175kPa 的时间（min）。如果是重复试验，两个最大压力之差不能超过 35kPa。

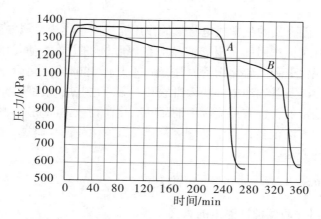

图 2 - 7 两个旋转氧弹试验的压力与时间曲线

六、注意事项

（1）试漏后的氧弹要用毛巾擦干或吹风机吹干，避免将水带到热的试验油浴中引起油的溅射。

（2）对不同的仪器配置，在插入氧弹后油浴达到试验温度的时间是不同的，应对所使用仪器进行考察，以得到在氧弹插入后使油浴温度波动不超过 2℃ 和氧弹压力在 30min 达到如图 2 - 7 曲线 A 所示的稳定态的一系列条件。

（3）在整个试验过程中，保持试验温度在 ±0.1℃ 范围内，对试验结果的重复性和再现性是非常重要的因素。

（4）同一操作者，用同一仪器对同一样品进行测定，所得连续测定结果之差，对于矿物绝缘油，不应超过 23min；对于汽轮机油，不应超过 0.12X（X 为重复测定结果的算术平均值，min）。

七、思考题

1. 什么是润滑油的氧化安定性？
2. 测定润滑油氧化安定性对生产和应用有何意义？

实验九　润滑油液铜片腐蚀性能的检测

金属表面受周围介质的化学或电化学的作用而被破坏称为金属的腐蚀。润滑油的各类烃本身对金属是没有腐蚀作用的，引起油品对金属腐蚀的主要物质是油中的活性硫化物（如元素硫、硫醇、硫化氢和二硫化物等，注意：不是所有的含硫化合物均是腐蚀性物质）和低分子有机酸类，以及基础油中一些无机酸和碱等。这些腐蚀性物质又可能是基础油和添加剂生产过程中所残留的，也有可能源于油品的氧化产物或油品储运和使用过程中的污染。测定润滑油腐蚀性的方法很多，其中"GB/T 5096 石油产品铜片腐蚀试验法"是目前工业润滑油最常用最主要的方法。

一、实验目的

（1）掌握润滑油防腐蚀性测定的意义。
（2）了解润滑油铜片腐蚀测定的原理和方法。
（3）学习测定润滑油铜片腐蚀的实验操作技术。

二、实验原理

铜片腐蚀试验法是用铜片直接检测润滑油中是否存在活性硫的定性方法。润滑油含有腐蚀性物质时，将会使铜片腐蚀变色，油品的腐蚀性越强，铜片变色就越厉害，借此来对油品的腐蚀性进行评价。实验时，把一块已磨光的铜片浸没在一定量的试样中，并按产品标准要求加热到指定的温度，保持一定的时间。待实验周期结束时，取出铜片，经洗涤后与腐蚀标准色板进行比较，确定腐蚀级别。工业润滑油常用的实验条件为100℃（或120℃），3h。

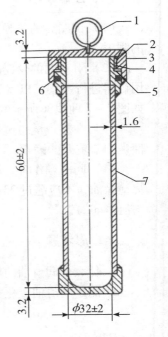

图2-8　铜片腐蚀试验压力容器（单位：mm）
1—提环；2—压力释放宽槽；
3—滚花帽；4—细牙螺纹；
5—密封圈保护帽；6—O 形密
封圈；7—无缝不锈钢管

三、仪器与试剂

1. 仪器

压力容器：不锈钢材料，尺寸如图2-8所示，并能承受700kPa 试验表压。压力容器的内容尺寸应确保能放入外径25mm、长为150mm 的试管。

试管：硼硅玻璃制，长150mm，外径25mm，壁厚1～2mm。内部尺寸应确保可适当地容纳实验铜片。当30mL 试样液体及浸入其中的铜片置于试管中时，试样液体表面至少高于铜片上端5mm。

水浴或其他液体浴（或铝块浴）：能维持试验所需温度（40±1）℃，（50±1）℃或（100±1）℃或其他所需温度。有合适的支架能支持试验弹保持在垂直位置，并使整个试验弹浸没在溶液中。有合适的支架能支持试管在垂直位置，并浸没至浴液中约 100mm 深度。

磨片夹钳或夹具：供磨片时使用，牢固地夹住铜片而不损坏边缘。只要能夹紧铜片，并使要磨光的铜片表面能高出夹具表面的任何形式的夹具都可以使用。

观察试管：扁平形。在试验结束时，供检验用或在储存期间供盛放腐蚀的铜片用。

温度计：全浸，最小分度 1℃ 或小于 1℃。供指示所需的试验温度用。所测温度点的水银线伸出浴介质表面应不大于 10mm。

2. 试剂与材料

洗涤剂：只要在 50℃、试验 3h 不使铜片变色的任何易挥发、硫含量小于 5mg/kg 的烃类溶剂均可以使用。也可选用分析纯的石油醚（90~120℃）。

铜片：纯度大于 99.9% 的电解铜。宽为 12.5mm±2mm，厚为 1.5~3.0mm，长为 75mm±5mm。

磨光材料：65μm（240 目）的碳化硅或氧化铝（刚玉）砂纸（或砂布），105μm（150 目）的碳化硅或氧化铝（刚玉）砂粒，以及药用脱脂棉。在有争议时，用碳化硅材质的磨光材料。

无灰滤纸或一次性手套：用在铜片表面准备和最后磨光步骤中，避免铜片与实验人员手指直接接触。

钢丝棉（绒）：00 号或更细。用于铜片表面的初始打磨处理。

腐蚀标准色板：在一块铝薄板上印刷四色加工而成，由代表失去光泽表面和腐蚀增加程度的典型试验铜片组成。腐蚀标准色板的分级如表 2-9 所示。

表 2-9　腐蚀标准色板的分级

分级	名称	说　明
新磨光的铜片	—	
1	轻度变色	a. 淡橙色，几乎与新磨光的铜片一样； b. 深橙色
2	中度变色	a. 紫红色； b. 淡紫色； c. 带有浅紫蓝色或银色，或两种都有，并分别覆盖在紫红色上的多彩色； d. 银色； e. 黄铜色或金黄色
3	深度变色	a. 洋红色覆盖在黄铜色上的多彩色； b. 有红和绿显示的多彩色（孔雀绿），但不带灰色
4	腐蚀	a. 透明的黑色、深灰色或仅带有孔雀绿的棕色； b. 石墨黑色或无光泽的黑色； c. 有光泽的黑色或乌黑发亮的黑色

四、实验步骤

1. 表面准备

先用 00 号或更细的钢丝棉（绒），或碳化硅或氧化铝（刚玉）砂纸（或砂布）将铜片六个面上的瑕疵去掉。再用 65μm（240 目）的碳化硅或氧化铝（刚玉）砂纸（或砂布）处理，以除去在此以前用其他等级砂纸留下的打磨痕迹。用定量滤纸擦去铜片上的金属屑后，将铜片浸没在洗涤溶剂中。铜片从洗涤溶剂中取出后，可直接进行最后磨光，或储存在洗涤溶剂中备用。

2. 磨光

从洗涤溶剂中取出铜片，用无灰滤纸保护手指来夹拿铜片。取一些 105μm（150 目）的碳化硅或氧化铝（刚玉）砂粒放在玻璃板上，用 1 滴洗涤溶剂湿润，并用一块脱脂棉蘸取砂粒。用不锈钢镊子夹持铜片（千万不能接触手指），先摩擦铜片各端边，然后将铜片夹在夹钳上，用粘在脱脂棉上的碳化硅或氧化铝（刚玉）砂粒磨光主要表面。磨时要沿铜片的长轴方向，在返回来磨以前，使动程越出铜片的末端。用一块干净的脱脂棉使劲地摩擦铜片，以除去所有的金属屑，直到用新的脱脂棉擦拭时不再留下污斑为止。当铜片擦净后，马上浸入已准备好的试样中。

3. 取样

对会使铜片轻度变暗的各种试样，应储放在干净的、深色玻璃瓶、塑料瓶或其他不致影响试样腐蚀性的合适容器中。容器要尽可能装满试样，取样后立即盖上。如果在试样中看到有悬浮水（浑浊），则用一张中速定性滤纸将足够体积的试样过滤到一个清洁、干燥的试管中。

4. 试验

将完全清澈和无任何悬浮水或内含水的润滑油试样倒入清洁、干燥的试管中并至 30mL 刻线处，再将经过最后磨光、干净的铜片在 1min 内浸入该试管的试样中。将该试管小心地滑入压力容器中，并将弹盖旋紧。将压力容器完全浸入已维持在 100℃ ±1℃ 的水浴中。在水浴中放置 180min ±5min 后，取出试验弹，并在自来水中冲洗几分钟。打开试验弹盖，取出试管。

5. 铜片的检查

将试管的内容物倒入 150mL 高型烧杯中，倒时要让铜片轻轻地滑入，以避免碰破烧杯。用不锈钢镊子立即将铜片取出，浸入洗涤溶剂中，洗去试样，立即取出铜片，用定量滤纸吸干铜片上的洗涤溶剂。将铜片与腐蚀标准色板比较，检查变色或腐蚀迹象。比较时，将铜片和腐蚀标准色板对光呈 45°角折射的方式拿持，进行观察。

五、结果记录与处理

将试样与表 2－9 中所列的腐蚀标准色板的分级进行比较，试样的腐蚀性用某个腐蚀级表示。

当铜片介于两种相邻的标准色板之间的腐蚀级时，则按其变色严重的腐蚀级判断试样。当铜片出现有比标准色板中 1b 还深的橙色时，则认为铜片仍属 1 级；但是，如果观察到有红颜色时，则所观察的铜片判断为 2 级。

2 级中紫红色铜片可能被误认为黄铜色完全被洋红色的色彩所覆盖的 3 级。为了区别这两个级别，可以将铜片浸没在洗涤溶剂中。2 级会出现一个深橙色，而 3 级不变色。为了区别 2 级和 3 级中多种颜色的铜片，将铜片放入试管中，并将这支试管平放在 315～370℃ 的电热板上 4～6min。另外用一支试管，放入一支高温蒸馏用温度计，观察这支温度计的温度来调节电炉的温度。如果铜片呈现银色，然后再呈现金黄色，则认为铜片属 2 级；如果铜片出现如 4 级所述透明的黑色及其他各色，则认为铜片属 3 级。

在加热浸提过程中，如果发现手指印或任何颗粒或水滴而弄脏了铜片，则需重新进行试验。如果沿铜片平面的边缘棱角出现一个比铜片大部分表面腐蚀级还要高的腐蚀级别，则需重新进行试验。

结果判断：如果重复测定的两个结果不相同，则重新进行试验。当重新试验的两个结果仍不相同时，则按变色严重的腐蚀级来判断试样。

报告：按表 2-9 中所列的一个腐蚀级报告试样的腐蚀性，并按下述格式报告试验时间和试验温度。

腐蚀铜片（X h/Y ℃），级别 Zp

其中，X 为试验时间（h）；Y 为试验温度（℃）；Z 为分级（例如 1、2、3、4）；p 为对应 Z 分级的具体级别说明（例如 a、b）。

六、注意事项

（1）试验所用洗涤剂必须经铜片试验合格才能使用。

（2）试验所用铜片的纯度和规格必须符合规定标准。

（3）处理铜片表面时，要防止铜片与手接触，以免手上汗渍对结果造成影响。

（4）腐蚀标准色板应避光存放，否则影响结果判断。

（5）试样应避光储存，收到试样，尽快进行腐蚀试验。

（6）避免铜片与水接触影响试验结果。

（7）防止铜片与空气接触，磨光的铜片要马上浸入已准备好的试样中；放入时小心滑入，以免打碎试管。

七、思考题

1. 测定润滑油腐蚀性对生产和应用有何意义？

2. 测定润滑油铜片腐蚀时应注意哪些事项？

实验十　润滑油液灰分的测定

灰分是润滑油的规格指标之一。油品经燃烧后，油品中的不可燃物质所形成的残渣称为灰分。对不加添加剂的润滑油，灰分表示基础油的精制及洁净程度，自然是愈少愈好；而对加有高灰分添加剂（如磺酸盐等）者，则灰分反映着添加剂加入量的多少，需控制一定数值以保证有足够的添加剂存在。因此，灰分的测定在润滑油中具有特殊而重要的意义，它往往可充当品质"监视"的角色——在润滑油调配过程中可赖以观察有无异常现象发生；对于用过的润滑油可借以判断是否还可使用或是废弃更换，等等。

一、实验目的

（1）了解灰分测定仪器的使用性能。
（2）熟悉润滑油灰分测定的原理。
（3）掌握灰分测定的实验操作技术及计算方法。

二、实验方法

用无灰滤纸作引火芯，点燃放在一个适当容器中的试样，使其燃烧到只剩下灰分和残留的炭。碳质残留物再在775℃高温炉中加热转化成灰分，然后冷却并称重。

三、仪器与试剂

1. 仪器

瓷坩埚或瓷蒸发皿：50mL。
高温炉：能加热到恒定于775℃±25℃的温控系统。
干燥器：不装干燥剂。
电热板或电炉。

2. 试剂与材料

盐酸：化学纯，配成1∶4（体积比）的水溶液。
定量滤纸：直径9cm。
硝酸铵：分析纯，配成10%的水溶液。
试样。

四、实验步骤

1. 瓷坩埚的准备

将稀盐酸（1∶4）注入瓷坩埚（或瓷蒸发皿）内煮沸几分钟，用蒸馏水洗涤。烘干后再放入高温炉中，在775℃±25℃温度下煅烧至少10min，取出，在空气中至少冷却3min，移入干燥器中冷却30~40min后，称量，精确至0.0001g。

2. 试样的准备

将瓶中润滑油试样（其量不得多于该瓶容积的3/4）剧烈摇动至均匀。对黏稠的试样可预先加热至 50～60℃，摇匀后取样。

3. 准确称量坩埚、试样

将已恒重的坩埚称准至 0.01g，并以同样的准确度称取试样 25.00g，装入 50mL 坩埚内。

4. 安放引火芯

用一张定量滤纸叠两折，卷成圆锥形，从尖端剪去 5～10mm 后，平稳地插放在坩埚内油中作为引火芯。引火芯要将大部分试油表面盖住。

5. 加热含水试样

测定含水试样时，将装有试样和引火芯的坩埚放置在电热板上，开始缓慢加热，使其不溅出，让水慢慢蒸发，直到浸透试样的滤纸可以燃着为止。

6. 引火芯浸透试样后，点火燃烧

试样的燃烧应进行到获得干性炭化残渣时为止，燃烧时，火焰高度维持在 10cm 左右。

7. 高温炉煅烧

试样燃烧后，将盛残渣的坩埚移入已预先加热到 775℃±25℃ 的高温炉中，在此温度下保持 1.5～2h，直到残渣完全成为灰烬。

8. 冷却称重

重复煅烧残渣成灰后，将坩埚在空气中冷却 3min，然后在干燥器内冷却约 30min，进行称量，称准至 0.0001g，再移入高温炉中煅烧 20～30min。重复进行煅烧、冷却及称量，直至连续称量之差不大于 0.0005g。

五、数据记录与处理

试样的灰分按式（2-5）计算：

$$X = \frac{m_2 - m_1}{m} \times 100\% \qquad\qquad (2-5)$$

式中，X 为试样的灰分（%）；m 为试样的质量（g）；m_1 为滤纸灰分的质量（g）；m_2 为试样和滤纸灰分的质量（g）。

取重复测定两次结果的算术平均值作为试样的灰分。

六、注意事项

（1）试样应充分摇动均匀。

（2）必须控制好燃烧速度，维持火焰高度在 10cm 左右，以防止试样飞溅以及过高的火焰带走灰分微粒。

（3）试样燃烧后放入高温炉煅烧时，要防止突然燃起的火焰将坩埚中灰分微粒带走。

（4）滤纸折成圆锥体放入坩埚时要紧贴坩埚内壁，并让油浸透滤纸，以防止油未烧完而滤纸早已烧完，起不到"灯芯"的作用。

（5）煅烧、冷却、称量应严格按规定的温度和时间进行。

七、思考题

1. 什么是润滑油的灰分？
2. 测定润滑油的灰分对生产和应用有何意义？
3. 测定润滑油的灰分应注意哪些事项？

实验十一　润滑油液机械杂质的测定

机械杂质是指存在于润滑油中，不溶于汽油、乙醇和苯等溶剂的沉淀物或胶状悬浮物，简称机杂或杂质。润滑油中的机械杂质是润滑油在使用、储存、运输中混入的灰尘、泥砂、金属碎屑、金属氧化物、铁锈末等以及由润滑油添加剂带来的一些难溶于溶剂的有机金属盐。机械杂质测定按 GB/T511—2010《石油和石油产品及添加剂机械杂质测定法》进行。润滑油基础油的机械杂质都控制在 0.005% 以下（机械杂质在 0.005% 以下被认为是无）；加添加剂后的成品油机械杂质一般都增大，这是正常的。对于一些含有大量添加剂的油品（如一些添加剂量大的内燃机油）来讲，机械杂质的指标表面上看是比较大，但主要是因为加入了多种添加剂后所引入的溶剂不溶物，这些胶状的金属有机物，并不影响使用效果，不应当简单地用"机械杂质"的多少来判断油品的好坏，而应分析"杂质"的内容。否则，就会带来不必要的损失和浪费。对使用者而言，关注机械杂质是非常必要的。润滑油在使用、储存、运输中混入灰尘、泥沙、金属碎屑、铁锈及金属氧化物等外来杂质，会加速机械设备的磨损，严重时堵塞油路、油嘴和滤油器，破坏正常润滑。据报道，若设备机况、工况和润滑油质量正常，润滑油的洁净度是影响设备寿命和维护成本的一个很关键的参数。欧美一些先进的工矿企业正推行对大型设备的润滑系统进行精密的过滤和监控，并取得显著成效。因此用户在使用前和使用中，应对润滑油进行严格的过滤并防止外部杂质对润滑系统造成污染。

一、实验目的

（1）掌握润滑油机械杂质测定的意义。
（2）熟悉润滑油机械杂质测定的原理。
（3）掌握润滑油机械杂质测定的实验操作技术及计算方法。

二、实验方法

称取一定量的试样，溶于所用的溶剂中，用已恒重的滤纸或微孔玻璃过滤器过滤，被留在滤纸或微孔玻璃过滤器上的杂质即为机械杂质。

三、仪器与试剂

1. 仪器

烧杯或宽颈的锥形烧杯：2 个。

称量瓶：2 个。

玻璃漏斗：2 支。

保温漏斗：1 支。

干燥器：1 个。

水浴或电热板：1 个。

分析天平：感量 0.0001g。

2. 试剂与材料

甲苯：化学纯。

乙醇–甲苯混合液：95% 乙醇和甲苯按体积比 1：4 配成。

蒸馏水。

试样。

定量滤纸：中速，直径 11cm。

四、实验步骤

1. 试样的准备

将盛在玻璃瓶中的试样（不超过瓶体积的 3/4）摇动 5min，使之混合均匀。

2. 滤纸的准备

将带定量滤纸的敞盖称量瓶或微孔玻璃过滤器放在烘箱中，在 105℃ ±2℃ 下干燥不少于 45min。然后盖上盖子放在干燥器中冷却 30min 后，进行称量，称准至 0.0002g。重复干燥（第二次干燥只需 30min）及称量，直至连续两次称量之差不超过 0.0004g。

3. 称量试样

称取摇匀并搅拌过的试样 100g，精确至 0.05g。

4. 溶解试样

往盛有试样的烧杯中加入 80℃ 的甲苯 200～400g，并用玻璃棒小心搅拌至试样完全溶解，再放到水浴上预热。在预热时不要使溶剂沸腾。

5. 过滤

将恒重好的滤纸放在固定于漏斗架上的玻璃漏斗中（或将已恒重的微孔玻璃过滤器用支架固定），趁热过滤试样溶液，并用 80℃ 的甲苯将烧杯中的沉淀物冲洗到滤纸上。

6. 洗涤

过滤结束时，将带有沉淀物的滤纸或微孔玻璃过滤器用 80℃ 的甲苯冲洗至滤纸上没有残留试样的痕迹，且滤出的溶剂完全透明和无色为止。若滤纸或微孔玻璃过滤器中有不溶于甲苯的残渣，可采用加热到 60℃ 的乙醇–甲苯混合溶剂补充冲洗。

7. 蒸馏水冲洗

对带有沉淀物的滤纸或微孔玻璃过滤器用溶剂冲洗后，在空气中干燥 10～15min，然后用 200～300mL 加热到 80℃ 的蒸馏水冲洗。

8. 烘干

冲洗完毕，将带有机械杂质的滤纸放入已恒定质量的称量瓶中，敞开盖子，将敞口的称量瓶或微孔玻璃过滤器放在 105℃ ±2℃ 的烘箱中烘不少于 45min，然后放在干燥器中（称量瓶盖要盖上）冷却 30min 后进行称量，称准至 0.0002g。重复操作，直至连续两次称量之差不大于 0.0004g 为止。

五、数据记录与处理

试样的机械杂质，其测定结果以质量分数表示，按式（2-6）计算：

$$w = \frac{(m_2 - m_1) - (m_4 - m_3)}{m} \times 100\% \qquad (2-6)$$

式中，w 为试样中机械杂质的质量分数（%）；m 为试样的质量（g）；m_1 为滤纸和称量瓶（或装有沉淀物的微孔玻璃过滤器）的质量（g）；m_2 为带有机械杂质的滤纸和称量瓶（或无沉淀物的微孔玻璃过滤器）的质量（g）；m_3 为空白试验过滤前滤纸和称量瓶（或微孔玻璃过滤器）的质量（g）；m_4 为空白试验过滤后滤纸和称量瓶（或微孔玻璃过滤器）的质量（g）。

取重复测定两个结果的算术平均值作为实验结果。当机械杂质 ≤0.005% 时，则可认为无机械杂质。

六、注意事项

（1）所用试剂在使用前均用试验时所采用的相同型号的滤纸或微孔玻璃过滤器过滤，然后作为溶剂用。

（2）注意防火，应在通风良好的实验室中进行，滤纸及洗涤液应倒入指定的容器，并加以回收。

（3）过滤时溶液高度不得超过微孔玻璃过滤器或漏斗中滤纸的3/4。

（4）新的微孔玻璃过滤器在使用前需用铬酸洗液处理，然后用蒸馏水冲洗干净，置于干燥箱内干燥后备用。在试验结束后，应放在铬酸洗液中浸泡4～5h后再用蒸馏水洗净，干燥后放入干燥器内备用。

（5）当试验采用微孔玻璃过滤器与滤纸所测结果发生冲突时，以用滤纸过滤的测定结果为准。

（6）实验时，应同时进行溶剂空白补正。

七、思考题

1. 简述润滑油机械杂质的概念和来源。
2. 简述润滑油机械杂质测定方法。
3. 测定润滑油机械杂质时有哪些注意事项？

实验十二 润滑油液残炭的测定

残炭是油在热与氧共同作用下受热裂解缩合和催化生成的残留物，一般用其在润滑油中的质量分数表示。进行残炭试验时，将油在一定条件下加热蒸发、裂解，而后测量所残留炭的质量分数。

残炭是润滑油基础油的重要质量指标，是为判断润滑油的性质和精制深度而规定的项目。润滑油基础油中，残炭的多少不仅与其化学组成有关，而且与油品的精制深度有关。润滑油中形成残炭的主要物质是油品的胶质、沥青质及多环芳烃，这些物质在空气不足的条件下，受强热分解、缩合而形成残炭。一般石蜡基油生成的残炭较为坚硬结实，而环烷基油的残炭则较为松散柔软。残炭值主要是内燃机油和空气压缩机油的质量指标之一。在这些机器工作时，其活塞环不断地将润滑油带入高温的缸内，由于部分润滑油的蒸发和燃烧、部分分解氧化，结成胶膜而与未烧尽的油及其他杂质一起沉积在气缸温度较低的各部件上，形成积炭。积炭不易导热，因此气缸壁、活塞顶部积炭增加时就会妨碍散热而使零件过热。积炭沉积在火花塞上会引起点火不灵，沉积在阀门上会使阀门开关不灵甚至烧坏，空气压缩机积炭太多甚至会引起爆炸。

一、实验目的

（1）掌握润滑油残炭测定的意义。
（2）熟悉润滑油残炭测定的原理。
（3）掌握润滑油残炭测定的实验操作技术及计算方法。

二、实验原理

将一定量的润滑油样在惰性气体（氮气）中加热到规定温度，润滑油在受热后将蒸发、裂解，并催化生成碳质型残留物。残留物所占润滑油样的质量百分数即为残炭值。

三、主要仪器

微量残炭测定仪：有一个圆形燃烧室，直径约 85mm，深约 100mm，能以 10~40℃/min 的加热速率将其加热到 500℃，还有一个内径为 13mm 的排气孔，燃烧室内腔用预热的氮气吹扫（进气口靠近顶部，排气孔在底部中央）。在燃烧室里放置一个热电偶或热敏元件，在靠近样品管壁但又不与样品管壁接触处进行探测。该燃烧室还带有一个可隔绝空气的顶盖。蒸气冷凝物绝大部分直接流入位于炉室底部可拆卸的收集器中，如图 2−9 所示。图 2−9 样品管：用钠钙玻璃或硼硅玻璃制成，平底；容量 2mL、外径 12mm、高约 35mm。测定残炭量低于 0.20% 的试样时，使用容量 4mL、外径 12mm、高约 72mm、壁厚 1mm 的样品管。

样品管支架：它是一个由金属铝制成的圆柱体，直径约 76mm、厚约 17mm，柱体上均匀分布 12 个孔（放样品管）。每个孔深 13mm、直径 13mm，每孔均排在距周边约 3mm 处，架上有 6mm 长的支脚，用来在炉室中心定位。边上的小圆孔用来作为起始排列样品位置的标记。支架的形状如图 2−10 所示。

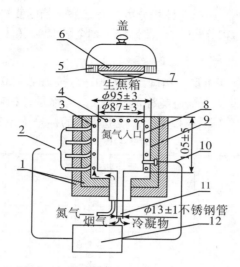

图 2 - 9　微量残炭仪结构（单位：mm）

1—绝缘材料；2—圆形加热盘管；3—加热盘管剖面；4—进气口；5—陶瓷圆环；
6—保温层；7—顶塞不锈钢球面；8—内圆柱形壳体；9—外圆柱形壳体；
10—热电偶导线；11—不锈钢管；12—微信息处理机

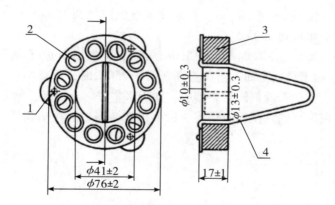

图 2 - 10　样品管支架（单位：mm）

1—支脚 3 个；2—样品管孔；3—铝合金；4—不锈钢手柄

热电偶：铁—康铜（铜镍合金），包括一个外部读数装置，范围 450℃ ~ 550℃。

分析天平：感量为 0.0001g。

冷却器：干燥或类似的密封容器。不加干燥剂。

四、实验步骤

1. 样品准备

充分搅拌待测样品，对于黏稠的或含蜡的石油产品，应首先将其加热，降低样品的黏度。如果样品是液态状，可用小棒直接将样品滴到样品管底部。固态样品也可加热滴入或用液态氮冷冻，然后打碎，取一小块放入样品管底部。

如果测定的是石油产品10%（体积分数）蒸馏残余物的残炭，则需首先按GB/T6536标准方法蒸馏试样到90%（体积分数），取蒸馏瓶中剩余的10%（体积分数）部分测定残炭。

2. 样品的称量

取洁净的样品管称量其质量，精确至0.0001g。按表2-10选取适当质量的样品滴入或装入已称重的样品管底部（注意避免样品沾壁），再称量，精确至0.0001g。将装有试样的样品管放入样品管支架上（最多12个），根据指定的标号记录每个试样对应的位置。

表2-10 试样量

样品种类	预计残炭值/%	试样量/g
黑色黏稠固体	>5.0	0.15±0.05
褐色或黑色不透明流体	>1.0~5.0	0.50±0.10
透明或半透明物体	0.2~1.0	1.50±0.50
	<0.2	1.50±0.50 或 3.00±0.50

3. 实验

在炉温低于100℃时，将装满试样的样品管支架放入炉膛内，并盖好盖子，再以流速为600mL/min的氮气流至少吹扫10min。然后将氮气流速降到150mL/min，并以10~15℃/min的加热速率将炉子加热到500℃。

使加热炉在500℃±2℃时恒温15min，然后自动关闭炉子电源，并让其在氮气流（600mL/min）吹扫下自然冷却。当炉温降到低于250℃时，将样品管支架取出并关闭氮气。将样品管支架放入不加干燥剂的干燥器中，在天平室进一步冷却。如果样品管中试样起泡或溅出而引起试样损失，则该试样应作废，试验重做。当炉温冷却到低于100℃时，可开始进行下一次实验。

用镊子夹取样品管，将样品管移到另一个干燥器中，让其冷却到室温，称量样品管，精确至0.0001g。

五、数据记录与处理

原始试样或10%（体积分数）蒸馏残余物的残炭 X（%），按式（2-7）计算：

$$X = \frac{m_3 - m_1}{m_2 - m_1} \times 100\% \tag{2-7}$$

式中，m_1 为空样品管的质量（g）；m_2 为空样品管的质量加试样的质量（g）；m_3 为空样品管的质量加残炭的质量（g）。

取重复测定两个结果的算术平均值，作为试样或10%（体积分数）蒸馏残余物的残炭值，报告结果精确至0.01%。

六、注意事项

（1）为保证测定结果的准确性，可在每批试验样品中加入一个参比样品。为了确定均匀残炭的平均含量和标准偏差，此参比样品应是在同一台仪器上至少测试过 20 次的典型样品，以保证其准确性。

（2）当参比样品的结果落在该试样平均残炭的百分数 ±3 倍标准偏差范围内时，则这批样品的试验结果认为可信。当参比样品的测试结果在上述极限范围以外时，则表明试验过程或仪器有问题，试验无效。

（3）因为空气（氧气）的引入会随着挥发性焦化产物的形成产生一种爆炸性混合物，这样会不安全，所以在加热过程中，任何时候都不能打开加热炉盖子。在冷却过程中，只有当炉温降到低于 250℃时，方可打开炉盖。

（4）样品管支架从炉中取出后，才可停止通氮气。

（5）残炭仪应放在实验室的通风橱内，以便及时排放烟气。

（6）要定期检查加热炉底部的废油收集瓶，必要时将其内容物倒掉后再放回。

（7）收集瓶中的冷凝物可能含有一些致癌物质，应避免与其接触，并应按照可行的方法对其进行掩埋或适当处理。

七、思考题

1. 何谓润滑油的残炭？形成残炭的主要物质有哪些？
2. 测定润滑油中的残炭对生产和应用有何意义？

实验十三　润滑油液水溶性酸或碱的测定

润滑油的水溶性酸是润滑油中溶于水的低分子有机酸和无机酸（硫酸及其衍生物，如磺酸及酸性硫酸酯等）；水溶性碱是指润滑油中溶于水的碱和碱性化合物，如氢氧化钠及碳酸钠等。新油中如有水溶性酸或碱，则可能是润滑油精制过程中酸碱分离不好所致；储存和使用过程中的润滑油如含有水溶性酸或碱，则表明润滑油被污染或氧化分解。因此，润滑油的水溶性酸和碱也是一项质量指标。水溶性酸或碱的测定属于定性分析实验，用以判断润滑油在精制过程中是否水洗完全，对保证机械设备正常工作、延长使用寿命及防止润滑油安定性下降等具有实际意义。润滑油的水溶性酸和碱不合格，特别容易引起氧化、酸化的水解化学反应，腐蚀机械设备。对于汽轮机油，水溶性酸和碱的存在，使汽轮机油的抗乳化度降低；对于变压器油，水溶性酸和碱不合格时，不仅会腐蚀设备，而且使变压器的耐电压下降。

一、实验目的

（1）掌握润滑油水溶性酸或碱测定的意义。
（2）掌握润滑油水溶性酸或碱测定原理及实验操作技术。
（3）学会用酸碱指示剂判断终点。

二、实验原理

用蒸馏水或乙醇水溶液抽提试样中的水溶性酸或碱，然后，分别用甲基橙或酚酞指示剂检查抽出液颜色的变化情况，或用酸度计测定抽提物的 pH 值，以判断有无水溶性酸或碱的存在。

三、仪器与试剂

1. 仪器

分液漏斗：250mL 或 500mL。
试管：直径为 15~20mm、高度为 140~150mm，用无色玻璃制成。
漏斗：普通玻璃漏斗。
量筒：25mL、50mL 和 100mL。
锥形烧瓶：100mL 和 250mL。
酸度计：具有玻璃－氯化银电极（或玻璃－甘汞电极），精度为 0.01pH。
瓷蒸发皿。
电热板及水浴装置。

2. 试剂与材料

甲基橙：配成 0.02% 甲基橙水溶液。
酚酞：配成 1% 酚酞乙醇溶液。

95％乙醇：分析纯。

滤纸：工业滤纸。

溶剂油：符合 GB1922《溶剂油》中 NY－120 规定。

蒸馏水：符合 GB6682《实验室用水规格》中三级水规定。

四、实验步骤

1. 取样

将试样置入玻璃瓶中，试样不超过玻璃瓶容积的 3/4，摇动 5min。黏稠试样应预先加热至 50～60℃再摇动。

当试样为润滑脂时，用刮刀将试样的表层（3～5mm）刮掉，然后，至少在不靠近容器壁的三处，取约等量的试样置入瓷蒸发皿中，并小心地用玻璃棒搅匀。

2. 乙醇溶液的准备

乙醇溶液必须用甲基橙和酚酞指示剂或酸度计检验呈中性后，方可使用。

3. 加热试样

将 50mL 试样和 50mL 加热至 50～60℃的蒸馏水放入分液漏斗。

对 50℃运动黏度大于 75mm^2/s 的油品，应预先在室温下与 50mL 汽油混合，然后加入 50mL 加热至 50～60℃的蒸馏水。

将分液漏斗中的试验溶液轻轻地摇动 5min，不允许乳化。放出澄清后下部的水层，经滤纸过滤后，滤入锥形烧瓶中。

4. 产生乳化现象的处理

当油品用水混合产生乳化时，则需用 50～60℃的 95％乙醇水溶液（体积比 1：1）代替蒸馏水处理，以后的操作按步骤 3 进行。

5. 用酸度计测定水溶性酸或碱

向烧杯中注入 30～50mL 抽提物，按酸度计使用要求测定 pH 值，电极浸入深度为 10～12mm。根据表 2－11 确定试样抽提物水溶液或乙醇水溶液中有无水溶性酸或碱。

表 2－11　试样抽提物或乙醇水溶液的 pH 值

油品水（或乙醇水溶液）抽提物特性	pH 值	油品水（或乙醇水溶液）抽提物特性	pH 值
酸性	＜4.5	弱碱	＞9.0～10.0
弱酸性	4.5～5.0	碱性	＞10.0
无水溶性酸或碱	＞5.0～9.0		

6. 用指示剂测定水溶性酸或碱

在两个试管中分别加入 1～2mL 抽提物，在第一支试管中，加入 2 滴甲基橙溶液，并将它与装有相同体积蒸馏水和甲基橙溶液的第三支试管相比较。如果抽提物呈玫瑰色，则表示所测石油产品里有水溶性酸存在。

在第二支盛有抽提物的试管中加入 3 滴酚酞溶液。如果溶液呈玫瑰色或红色，则表示有水溶性碱存在。

当抽提物用甲基橙或酚酞为指示剂，没有呈现玫瑰色或红色时，则认为没有水溶性酸或碱。

五、数据记录与处理

同一操作者所提出的两个结果之差，不应大于 0.05 pH。

取重复测定两个 pH 值的算术平均值作为试验结果。

六、注意事项

（1）轻质油品中的水溶性酸或碱有时会沉积在盛样容器的底部，因此在取样前应将试样充分摇匀。

（2）所用的抽提溶剂（蒸馏水、乙醇水溶液）以及汽油等稀释溶剂必须呈中性。

（3）接触试样的仪器设备必须确保清洁，无水溶性酸、碱等物质存在，否则会影响测定结果的准确性。

（4）当用水抽提水溶性酸或碱产生乳化现象时（通常是油品中残留的皂化物水解的缘故，这种试样一般呈碱性），需用 50～60℃ 呈中性的 95% 乙醇与水按 1：1（体积比）配制的溶液代替蒸馏水作为抽提溶剂，分离试样中的酸、碱。

（5）按规定，酚酞用 3 滴，甲基橙用 2 滴，不能随意改变，否则易对终点判定产生影响。

七、思考题

1. 何谓润滑油的水溶性酸或碱？
2. 润滑油水溶性酸或碱测定法的原理是怎样的？
3. 测定润滑油水溶性酸或碱应注意哪些事项？

实验十四　　润滑油液抗乳化性能的检测

乳化是一种液体在另一种液体中紧密分散形成乳状液的现象，它是两种液体的混合而并非相互溶解。抗乳化则是从乳状物质中把两种液体分离开的过程。润滑油的抗乳化性是指油品遇水不乳化，或虽乳化但经过静置，油、水能迅速分离的性能。润滑油与水完全分离所需时间以分钟（min）表示，时间越短，抗乳化越好。

对于用于循环系统中的工业润滑油，如液压油、齿轮油、汽轮机油、油膜轴承油等，在使用中不可避免地和冷却水或蒸汽甚至乳化液等接触，这就要求这些油品在油箱中能迅速油水分离，从油箱底部排出混入的水分，便于油品的循环使用，并保持良好的润滑。通常润滑油在60℃左右有空气存在并与水混合搅拌的情况下，不仅易发生氧化和乳化而降低润滑性能，而且还会生成可溶性油泥，受热作用则生成不溶性油泥，并急剧增加流体黏度，造成润滑系统堵塞而发生机械故障。因此定要处理好基础油的精制深度和所用添加剂与其抗乳化剂的关系，在调和、使用、保管和储运过程中亦要避免杂质的混入和污染。否则，若形成了乳化液，不仅会降低润滑性能、损坏机件，而且易形成油泥。因此抗乳化性是工业润滑油的一项很重要的理化性能。

一、实验目的

（1）认识润滑油抗乳化性能测定器的工作原理。
（2）了解润滑油抗乳化性能测定的意义。
（3）掌握润滑油抗乳化性能测定的方法。

二、实验方法

本实验适用于测定40℃运动黏度为28.8~90mm²/s的油品，实验温度为54℃±1℃；也可用于40℃运动黏度超过90mm²/s的油品，此时实验温度为82℃±1℃。在量筒中装入40mL试样和40mL蒸馏水，并在54℃或82℃下搅拌5min，记录乳化液分离所需的时间。静止30min或60min后，如果乳化液没有完全分离，或乳化层没有减少为3mL或更少，则记录此时油层（或合成液）、水层和乳化层的体积。

三、仪器与试剂

1. 仪器

量筒：容量100mL。由耐热玻璃或是化学性质相同的其他玻璃制成，刻度在5mL~100mL范围内，分度值为1.0mL。量筒的整体高度为225~260mm，从量筒顶部到距离底部6mm处的长度内，量筒内径在27~30mm范围内，量筒刻线上任何点的刻度误差不应大于1mL。

抗乳化性能测定器：由水浴、搅拌器、马达、控温装置及计时装置等组成。

水浴装置：应具有足够的大小和深度，允许在水浴装置中插入至少2个试验量筒，并且水可浸没到量筒的 85mL 刻度处。同时配有可固定量筒位置的支承架，以便当量筒内的物质被搅动时，叶片的纵向轴与量筒的中心垂直线相对应，而支承架应该能紧紧固定住量筒。

搅拌器：由镀铬钢或不锈钢制成的叶片和连杆组成。叶片长 120mm ± 1.5mm，宽 19mm ± 0.5mm，厚 1.5mm。连杆直径约为 6mm，并与叶片相固定，且与搅拌装置相连，传动装置能使叶片在其纵向轴的转速为 1500r/min ± 15r/min。量筒固定后，将叶片插入量筒内，且距量筒底部 6mm 处，此时将连杆与传动装置啮合。在搅拌过程中，叶片底部中心处摆动不应超过转动轴中心线 1mm。当不使用时，可以将搅拌棒垂直升起，以便清洗量筒顶部。

马达：转速为 1500r/min ± 15r/min。

水浴温度控制精度为 ±1℃。

2. 试剂与材料

石油醚：分析纯，60 ~ 90℃。

无水乙醇：分析纯。

蒸馏水：符合 GB/T6682 二级水规格。

清洗溶剂：轻组分碳氢化合物，如石油醚等。

铬酸洗液。

脱脂棉、竹镊子、石蕊试纸、包有耐油橡胶的玻璃棒。

四、实验步骤

（1）用清洗溶剂清洗量筒，再用铬酸洗液、自来水、蒸馏水依次进一步清洗，直到量筒内壁不挂水珠为止。用脱脂棉、竹镊子在石油醚、无水乙醇中依次清洗搅拌棒和叶片，并风干。注意：在清洗过程中不要将搅拌棒弄弯曲。

（2）打开仪器电源开关，根据所测油品的黏度等级来设定水浴恒温温度（40℃时运动黏度小于 $90mm^2/s$ 的油品，试验温度为 54℃ ±1℃；40℃时运动黏度大于 $90mm^2/s$ 的油品，试验温度为 82℃ ±1℃）。

（3）往干燥、洁净的量筒中慢慢倒入 40mL 蒸馏水，然后倒入 40mL 试样［82℃时要考虑水的膨胀体积（大约 1mL），油的膨胀体积（大约 2mL）］。将装好试样的量筒放入恒温水浴缸中水浴 10min 左右，调整水、油体积各为 40mL，将搅拌叶片放入量筒内（叶片应垂直安装在量筒中心处，底端距量筒底部约为 5mm）。

（4）静置试样 10min，然后打开搅拌器开关，在 1500r/min ± 15r/min 的转速下搅拌 5min。注意：搅拌叶片下端的中心摆动距离应小于 1mm。

（5）搅拌结束后，提取搅拌叶片，并用套了胶管的玻璃棒将叶片上的油液刮入量筒中，再用汽油、石油醚、无水乙醇清洗叶片。然后每 5min 记录一次量筒内分离的油、水和乳化层的体积（以 mL 计）。

五、数据记录与处理

记录达到产品水分离性能要求或超出了水分离性能要求的试验范围（通常 54℃ ±1℃时为 30min，82℃ ±1℃时为 60min，乳化液为 3mL 或更少）的时间，且每隔 5min 记录实验结果，油层报告的最大值为43mL。结果的报告格式如下所示：

（1）15min后残留3mL以上乳化层，20min完全分离，记为（40 – 40 – 0）20min。

（2）20min时没有出现完全分离，但乳化层降至3mL，记为（39 – 38 – 3）20min。

（3）60min后，残留的乳化层超过3mL，即39mL的油，35mL的水，6mL的乳化层，记为（39 – 35 – 6）60min。

（4）没有出现完全分离，但乳化层在20min后减少到3mL或更少，记为（41 – 37 – 2）20min。

（5）30min后，乳化层减少到3mL或更少，记为（43 – 37 – 0）30min。

各层外观描述的术语有：

（1）油层：

a）透明；

b）雾状；

c）浑浊（或乳白状）；

d）a、b和c的组合现象。

（2）水层：

a）透明；

b）花边状或有水泡，或两者均有；

c）雾状；

d）浑浊（或乳白状）；

e）a、b、c和d的组合现象。

（3）乳化层：

a）模糊的花边；

b）浑浊（或乳白状）；

c）奶油状；

d）a、b和c的组合现象。

实验过程中，需按表2 – 12所示格式记录实验数据，并进行分析。

表2 – 12　润滑油抗乳化性能实验记录表

试样名称				
序号	结果报告	各层外观描述		
		油层	水层	乳化层
1				
2				
3				

六、注意事项

（1）每当开机时，应确认所有开关处于关闭状态，试样搅拌轴应处于夹紧状态，以防搅拌轴高速转动损坏仪器甚至发生人身事故。

（2）装入量筒时，量筒应插到底，拧紧量筒夹紧定位套以免搅拌叶离量筒底的距离不等影响试验结果或打破量筒。

七、思考题

1. 影响润滑油乳化性能的因素有哪些？
2. 润滑油抗乳化性能测定对生产和应用有何意义？

实验十五 润滑油液抗泡沫特性的检测

润滑油容易受到配方中的活性物质（如清净剂、极压添加剂和腐蚀抑制剂）的影响，这些添加剂大大地增加了油的起泡倾向。润滑油的泡沫稳定性随黏度和表面张力而变化，泡沫的稳定性与油的黏度成反比，同时随着温度的上升，泡沫的稳定性下降，黏度较小的油形成大而容易消失的气泡，高黏度油中产生分散和稳定的小气泡。润滑油在实际使用中，由于受到振荡、搅动等作用而使空气进入润滑油中，以至形成气泡。如果润滑油抵抗形成气泡的性能差，就会在使用过程中形成许多气泡，影响润滑油的润滑性能，加快氧化的速度和造成溢出损失，还可能阻碍润滑油在循环系统中的传送和影响液压油的压力传递。为提高润滑油的抗泡沫性能，经常要加入抗泡沫添加剂。

一、实验目的

（1）了解润滑油抗泡沫特性测定的意义。
（2）熟悉润滑油抗泡沫特性测定的原理。
（3）掌握润滑油抗泡沫特性测定的实验操作技术。

二、实验原理

润滑油的抗泡沫性能是以油品生产泡沫的倾向及泡沫的稳定性来评定的。在一定量的油样中以某一固定流量通入空气，持续一段时间后所产生泡沫的体积即为起泡倾向。停止通入空气，泡沫的体积将变化，静置一段时间后所产生泡沫的体积即泡沫稳定性。抗泡沫性能好的润滑油起泡倾向小，泡沫稳定性低。

三、仪器与试剂

1. 仪器

试验浴：其尺寸足以使量筒至少浸至 900mL 刻线处，并能使浴温维持在规定温度 ±0.5℃。浴缸和浴液应透明，以便读取浸入的量筒刻度。

空气源：从空气源通过气体扩散头的空气流量能保持在 94mL/min ±5mL/min，空气还须通过高为 300mm 的干燥塔，干燥塔应依次按下述步骤填充：在干燥塔的收口处以上依次放 20mm 的脱脂棉、110mm 的干燥剂、40mm 的变色硅胶、30mm 的干燥剂、20mm 的脱脂棉。当变色硅胶开始变色时，则必须重新填充干燥塔。

流量计：测量流量范围为 94mL/min ±5mL/min。

体积测量装置：在流速为 94mL/min 时，能精确测量约 470mL 的气体体积。

计时器：电子或手工的，分度值和精度均为 1s 或更高。

温度计：水银式玻璃温度计，测量范围为 0~50℃ 和 50~100℃，最小分度值为 0.1℃。

泡沫试验设备：如图 2-11 所示，包括下列配件：

量筒：容量 1000mL，最小分度为 10mL，从量筒内底部到 1000mL 刻度线的高度为

335~385mm。圆口，如果切割，需要经过精细抛光。

塞子：由橡胶或其他合适的材料制成，与上述量筒的圆形顶口相匹配。塞子中心应有两个圆孔，一个插进气管，一个插出气管。

扩散头：由烧结的结晶状氧化铝制成的砂芯球，直径为25.4mm；或是由烧结的5pm多孔不锈钢制成的圆柱形。

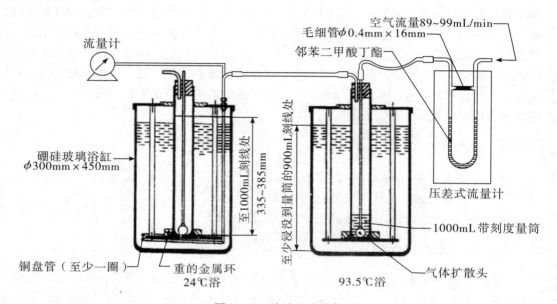

图 2-11　泡沫试验设备

2. 试剂与材料

正庚烷：分析纯。

丙酮：分析纯。

甲苯：分析纯。

异丙醇：分析纯。

水：符合 GB/T6682 中三级水要求。

邻苯二甲酸丁酯：分析纯，用于压差式流量计。

清洗剂：非离子型，能溶于水。

干燥剂：变色硅胶、脱水硅胶或其他合适的材料。

四、实验步骤

（1）依次打开电源开关、加热开关、搅拌开关，控制两个水浴缸中的温度分别为24℃±0.5℃和93.5℃±0.5℃。

（2）不经机械摇动或搅拌，将200mL试样倒入烧杯中，加热至49℃±3℃，后冷却至24℃±3℃。

（3）将试样倒入1000mL量筒中，使液面达到190mL刻度线处，将量筒浸入24℃±

0.5℃水浴中，至少浸没至 900mL 刻线处，恒温 20min，当试样温度恒定后，插入未与空气源连接的气体扩散头浸泡 5min（调节进气管的位置，使气体扩散头恰好接触量筒的底部，并在其圆截面的中心），5min 后接通空气源开关，调节通气量为 94mL/min ±5mL/min，通气时间为 5min，通气结束后，切断通气管，关闭空气源开关，并立即记录泡沫的体积。让量筒静止 10min ±10s，再记录泡沫的体积，精确至 5mL。

（4）将第二份试样倒入清洁的 1000mL 量筒中，使液面达到 180mL 刻线处，将量筒浸入 93.5℃ ±0.5℃的水浴中，至少浸没至 900mL 刻线处，恒温 20min，当试样温度达到 93℃ ±1℃时，插入未与空气源连接的气体扩散进气管，并按步骤 3 进行试验，记录泡沫体积和静止 10min ±10s 后的泡沫体积，精确至 5mL。

（5）将步骤 4 中的量筒室温放置，使试样冷却至 43.5℃，将量筒放于 24℃ ±0.5℃浴中，静置 20min 后，当试样达到 24℃时，将清洁的进气管扩散头插入试样，按步骤 3 进行试验并记录结果。

（6）实验结束后依次关闭搅拌开关、加热开关、电源开关。

五、数据记录与处理

报告结果精确到 5mL，表示为"泡沫倾向"［在吹气周期结束时的泡沫体积（mL）］，和（或）"泡沫稳定性"［在静止周期结束时的泡沫体积（mL）］。

当泡沫或气泡层没有完全覆盖油的表面，且可见到片状或"眼睛"状的清晰油品时，报告泡沫体积为"0mL"。

六、注意事项

（1）每次试验后，应彻底清洁量筒及进气管和扩散头。扩散头用汽油、甲苯和石油醚依次吹洗。

（2）整个系统的气密性要定期检查。

（3）进气系统中的干燥剂要定期更换。

七、思考题

1. 润滑油产生泡沫的原因是什么？

2. 在使用中如何防止润滑油产生泡沫？

3. 测定润滑油抗泡沫性能在生产和使用中有何意义？

第三章　润滑油液的润滑性能实验

润滑油的润滑性包括油性、抗磨损性和极压性 3 个概念不同的性能，这三者既有关联，又有区别。

油性（oilness）：主要是指润滑油减少摩擦的性能。以提高这种性能为目的而使用的添加剂称为油性剂，有时也称为减摩剂或摩擦改进剂。油性剂一般为表面活性物质，如动植物油脂、脂肪酸、酯、胺等。

抗磨损性（antiwear property）：是指润滑油在轻负荷和中等负荷条件下，即在流体润滑或混合润滑条件下，能在摩擦表面形成薄膜，防止磨损的能力。提高这种能力的添加剂称为抗磨损添加剂，如硫化油脂、磷酸酯和二硫代磷酸金属盐等。

极压性（extreme pressure）：是指润滑油在低速高负荷或高速冲击负荷条件下，即在边界润滑条件下，防止摩擦面发生擦伤和烧结的能力。为此目的而使用的添加剂称为极压添加剂。极压添加剂多为含硫、磷、氯等活性物质，能在摩擦面上和金属起超化学反应，生成剪切力和熔点都比原金属低的化合物，构成极压固体润滑膜，防止烧结。

为了评价或测试润滑油的润滑性能，必须在实际的摩擦条件下进行，因而出现各种模拟实际摩擦条件的摩擦磨损试验设备和方法，简称为模拟机械试验。常用的模拟机械试验设备有四球试验机和梯姆肯（Timken）试验机。

1. 四球试验机

四球试验是世界上使用最多、最普遍的一种摩擦磨损试验方法。四球试验机油盒装置如图 3-1所示。四球试验有四球极压试验和四球磨损试验。四球极压试验机于 1933 年由 Boerlage 设计，是研究各种类型润滑剂的承载能力的有力工具，但是缺少在低速下测累积磨损的灵敏度。Boerlage 和 Blok 于 1937 年改进四球极压试验机。Larsen 和 Pery 于 1945 年改进 Boerlage 四球机为四球磨损机，以提供一种对低负荷 1N（0.1kgf）灵敏度及可在一定速度范围和温度下进行试验的试验设备。

四球试验机可测定润滑油脂的减摩性、抗磨性和极压性。减摩性用摩擦系数 "f" 表示；抗磨性用磨痕直径 "d" 表示；极压性用最大无卡

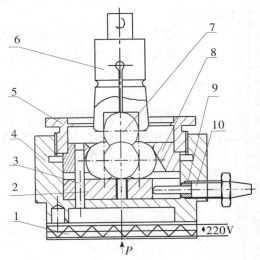

图 3-1　四球试验机油盒装置示意图

1—加热器；2—垫；3—圆柱销；4—油盒；
5—锁紧螺母；6—弹簧夹头；7—标准试验钢球；
8—压环；9—软铝垫；10—铂热电阻传感器

咬负荷"P_B"、烧结负荷"P_D"和综合磨损值"ZMZ"表示。

2. 梯姆肯（Timken）试验机

梯姆肯试验又称为环块试验，如图 3－2 所示。梯姆肯试验机广泛应用于评定润滑油脂的极压性能水平和规格试验。试验时，在一定的杠杆负荷下运转 10min，检验有无胶合，如无胶合，则称通过该级的梯姆肯"OK"负荷，它属于线接触和滑动摩擦。梯姆肯评价指标为"OK"负荷，"OK"负荷在一定程度上表明润滑油在使用过程中极压性能下降的程度。

试验机主要由以下几部分组成：①试块架，一个楔形块将试块固定于试块架，试块架有一卡口将其卡在主轴的滑动轴承上，试块架的底部安装在负荷杠杆的刀口上。②试环主轴，一个锁定螺母将试环安装在主轴上。③杠杆系统，由负荷杠杆和摩擦力杠杆两组杠杆组成。负荷杠杆携带试块架并安装在摩擦力杠杆的刀口上。④负荷杠杆，负荷杠杆和砝码盘的有效重量在杠杆臂上有标识。

试验机主轴径向跳动不应大于 0.013mm。负荷杠杆系统的力臂比是 10，这意味着在砝码盘上加 4.45N（1lbf）的力，在试块上将会产生 44.5N（10lbf）的力，试验机主轴带动试环在静止的试块上转动，试环安装在水平主轴上，试块安装在试块架中。主轴由滚动轴承支撑，由 1.5kW 的同步电动机驱动，转速为 800r/min ± 5r/min。

梯姆肯试验所用试件比较好加工，所得结果与齿轮试验有一定的相关性，能够按高、中、低大致区分润滑油脂的承载能力，所以国内外使用得比较普遍。

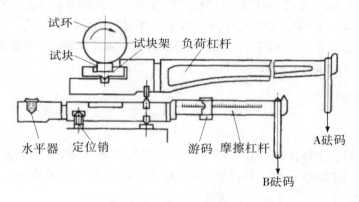

图 3－2　梯姆肯试验机示意图

实验一　润滑油液抗磨性能的检测

对于金属机械设备，由于金属表面的相对运动而产生摩擦，使金属从表面自本体分离剥落而使金属部件失去部分重量或体积尺寸发生一定的变化，这个变化就称为磨损。在相互接触的金属表面之间加入润滑油可以减轻金属表面的磨损。润滑油在使用过程中时常会因新油的品质以及使用过程的劣化而使油品的抗磨性能较差，导致设备润滑部件的异常磨损。在设备润滑磨损状态监测过程中，有必要对新油和在用油的抗磨性能进行不定期的抽查，以确保润滑油品的抗磨性。对于润滑油抗磨性能测试的方法很多，但四球试验法是最简单和实用的方法。

一、实验目的

（1）了解润滑油抗磨性能检测的意义。
（2）认识四球试验机测定润滑油抗磨性能的工作原理。
（3）掌握四球试验机测定润滑油抗磨性能的实验操作技术。

二、实验方法

三个直径为 12.7mm 的钢球被夹紧在一油盒中，并被润滑油覆盖，另一个同一直径的钢球置于三球顶部，受 147N（15 kgf）或 392N（40kgf）力作用，成为"三点接触"。当润滑油达到一定温度后（75℃ ±2℃），顶球在一定转速下旋转 60min，润滑油抗磨损性能通过下面三个球的磨斑直径的平均值来评价。

三、仪器与试剂

1. 仪器

四球试验机：主轴转数不低于 1200r/min，负荷不低于 392N（40kgf），装好钢球的弹簧夹头装于试验机主轴锥孔后，其钢球的径向圆跳动不应大于 0.015mm。试验机原理示意图如图 3 – 1 所示。

显微镜：装有测微仪的直读式显微镜或自动精密测量仪器，读数值精确到 0.01mm。

计时器：精确到 0.1s。

2. 试剂与材料

钢球：四球试验机专用试验钢球，材料为优质铬合金轴承钢 GCr15，直径 12.7mm，洛氏硬度 HRC64 ~ 66。

溶剂油：符合 GB1922 中 NY – 190 要求。

石油醚：60 ~ 90℃，分析纯；或溶剂油，符合 GB1922 中 NY – 90 的要求。

四、实验步骤

（1）启动电机，调整主轴转速至 1200r/min ±60r/min，空转 2 ~ 3min。

（2）用溶剂油仔细清洗四个实验钢球、上球卡具、油盒以及与试油接触的各个部位，试件可以先用新的工业滤纸或未使用过的脱脂棉球擦拭。清洗后的试件应无油渍，钢球无锈斑，光洁如镜，最后用石油醚洗两次。然后将实验钢球吹干或自然干燥。洗好的钢球不准用手触摸，每粒钢球只能进行一次实验。

（3）将一个清洁钢球安装在主轴下端。

（4）将清洁的另外三个钢球装在油盒中，并夹紧。

（5）将试油倒入油盒，并使试油超过球顶部约3mm。

（6）将油盒放在油盒底座上。慢慢施加试验负荷至147N 或 392N（15kgf 或 40kgf），要避免振动和冲击。

（7）加热试油至75℃±2℃。

（8）在实验温度下，开动电动机驱动主轴旋转。

（9）试验时间达到60min±1min 时，停止加热和关掉电动机，除去负荷，取出油盒，倒去试油。

（10）去掉锁紧螺母，取出试球，擦净试油，将钢球放在合适的球座上，用显微镜测量下面三钢球每个钢球两个位置（与旋转方向垂直和平行的两个方向）的磨斑直径，测准至0.01mm，报告六次读数的算术平均值作为磨斑直径（mm）。测量时的观察线应垂直磨斑表面。如果磨斑是一个椭圆，则在磨痕方向作一次测量，另一次测量与磨痕方向垂直。

五、数据记录与处理

实验过程中，须记录如表3-1所示的数据。

表3-1 钢球磨斑直径

油样名称			
主轴转速/（r·min^{-1}）		实验温度/℃	
实验负荷/N		实验持续时间/min	
磨斑直径/mm	钢球1	钢球2	钢球3
X 方向			
Y 方向			
平均值			

六、注意事项

（1）电动机启动后，温度可能迅速上升并超过预定温度，在这种情况下，必须把温度给定值调低一些，以免由于实验开始时的摩擦升温而超过给定温度。

（2）如果一个钢球的两次测量平均值与所有的六次测量平均值偏差大于0.04mm，则应该检查与油杯的轴心对中情况。

（3）同一操作员用同一设备，在相同材料和实验条件下连续测定的两次结果之差，不得大于0.12mm。

七、思考题

1. 润滑油抗磨损性能检测在生产与应用方面有何意义？
2. 四球试验机测定润滑油抗磨性能的原理与方法分别是什么？

实验二　四球机法检测润滑油液的极压性能

现代设备负荷的增高和工作环境的恶劣，使许多设备特别是那些低速、重载的摩擦副表面间难以形成完整连续的抗磨润滑油膜。在这种条件下，在润滑油中添加极压抗磨添加剂，它可与金属起化学反应，在摩擦副表面生成剪切应力和熔点比原金属要低的极压固体润滑膜，从而防止摩擦副表面相互烧结磨损。例如重负荷的工业齿轮油、车辆齿轮油等对其极压抗磨性能都有较高的要求。若极压性能不好，则在高负荷、冲击负荷的作用下，润滑油很难起到良好的抗磨作用，加速摩擦副的异常磨损。因此，对有极压性能要求的润滑油必须进行极压性能检测。四球法的 P_B、P_D 值检测是评价润滑油极压性能最简单且最实用的方法之一。

润滑油的极压性能用以下测定结果来判断。

1. 最大无卡咬负荷 P_B

它是在试验条件下不发生卡咬的最高负荷，单位为 N，代表油膜强度。在该负荷下测得的磨痕直径不得大于相应补偿线上数值的 5%（补偿线是指在存在润滑油而不发生卡咬的条件下，在下面 3 个球上产生光亮的圆斑状磨痕，由下球的平均磨痕直径对所加的负荷，在双对数坐标图中做出的一条直线）。

2. 烧结负荷 P_D

它是在试验条件下使钢球发生烧结的最低负荷，单位为 N，代表润滑剂的极限工作能力。

一、实验目的

（1）熟悉润滑油极压性能检测的参数与意义。

（2）了解四球试验机测定润滑油极压性能的工作原理。

（3）掌握四球试验机测定润滑油极压性能的实验操作技术。

二、实验方法

在规定的负荷下，上面一个钢球相对下面静止的三个钢球旋转，转速为 1760r/min ± 40r/min，试样温度为 18～35℃，然后逐级增大负荷进行一系列 10s 实验，每次实验后测量油盒内任何一个或三个钢球的磨痕直径，直到发生烧结为止。

三、仪器与试剂

1. 仪器

四球试验机：主轴转数不低于 1800r/min，负荷不低于 7840N（800kgf），将装好钢球的弹簧夹头装于试验机主轴锥孔后，其钢球的径向圆跳动度应不大于 0.02mm。试验机原理示意图如图 3 - 1 所示。

显微镜：装有测微仪的直读式显微镜或自动精密测量仪器，读数值精确到 0.01mm。

计时器：精确到 0.1s。

摩擦力记录仪。

2. 试剂与材料

钢球：四球试验机专用试验钢球，材料为优质铬合金轴承钢 GCr15，直径 12.7mm，洛氏硬度 HRC64～66。

溶剂油：符合 GB1922 中 NY－190 要求。

石油醚：60～90℃，分析纯；或溶剂油，符合 GB1922 中 NY－90 的要求。

四、实验步骤

（1）用溶剂油仔细清洗四个实验钢球、夹头、油盒以及与试油接触的各个部位，试件可以先用新的工业滤纸或未使用过的脱脂棉球擦拭。清洗后的试件应无油渍，钢球无锈斑，光洁如镜，最后用石油醚洗两次。然后将实验钢球吹干或自然干燥。洗好的钢球不准用手触摸，每粒钢球只能进行一次实验。

（2）打开电源，启动电机，调整主轴转速至 1760r/min ±40r/min，空转 2～3min。调整好计时器。

（3）将一个清洁钢球安装到夹头中，并把夹头装到主轴下端。

（4）将清洁的另外三个钢球装在油盒中，并夹紧。

（5）将试油倒入油盒，并使试油浸没钢球。

（6）将组装好的实验油盒装在实验底座上。

（7）试样温度控制在 18～35℃。

（8）启动液压泵，油盒上升，使下面三个实验钢球与顶上实验钢球接触，缓缓地加载负荷。

（9）启动电机，运转 10s ±0.2s。

（10）取下油盒和夹头，并卸下夹头中的实验钢球。

（11）去掉锁紧螺母，取出钢球，擦净试样，将钢球放在合适的球座上，用显微镜测量下面三个钢球每钢球两个位置（与旋转方向垂直和平行的两个方向）的磨痕直径，精确至 0.01mm，报告六次读数的算术平均值作为磨痕直径（mm）。测量时的观察线应垂直磨斑表面。如果磨斑是一个椭圆，则在磨痕方向作一次测量，另一次测量与磨痕方向垂直。

（12）最大无卡咬负荷 P_B 的测定。

测定最大无卡咬负荷时要求在该负荷下的磨痕直径不得大于相应补偿线上磨痕直径（即补偿直径）的 5%。如果测得某负荷下的磨痕直径大于相应补偿线上磨痕直径的 5%，则下次试验要在较低一级的负荷下进行，直到确定最大无卡咬负荷为止。

表 3－2 提供了用以判断 P_B 点的 $P - D_b$（1 + 5%）值。例如某试样在 784N（80kgf）负荷下测量的磨痕直径为 0.47mm，查表 3－2 得知在 784N（80kgf）负荷下 D_b（1 + 5%）为 0.45mm，则可断定该试样的 P_B 值小于 784N（80kgf）。再在低一级负荷下做试验，直到测得的磨痕直径等于或小于 D_b（1 + 5%），则该负荷即为 P_B 点。

表 3 - 2　用以判断 P_B 点的 $P - D_b$（1 +5%）值

P/N（kgf）	98（10）	108（11）	118（12）	127（13）	137（14）	157（16）	177（18）
D_b（1 +5%）/mm	0.22	0.23	0.23	0.24	0.25	0.26	0.27
P/N（kgf）	196（20）	216（22）	235（24）	255（26）	275（28）	294（30）	314（32）
D_b（1 +5%）/mm	0.28	0.29	0.30	0.30	0.31	0.32	0.33
P/N（kgf）	333（34）	353（36）	373（38）	392（40）	412（42）	431（44）	461（47）
D_b（1 +5%）/mm	0.33	0.34	0.35	0.35	0.36	0.36	0.37
P/N（kgf）	490（50）	510（52）	530（54）	559（57）	588（60）	618（63）	637（65）
D_b（1 +5%）/mm	0.38	0.39	0.39	0.40	0.40	0.41	0.41
P/N（kgf）	667（68）	696（71）	726（74）	755（77）	784（80）	834（85）	883（90）
D_b（1 +5%）/mm	0.42	0.43	0.44	0.44	0.45	0.46	0.47
P/N（kgf）	932（95）	981（100）	1020（104）	1069（109）	1118（114）	1167（119）	1236（126）
D_b（1 +5%）/mm	0.47	0.48	0.49	0.50	0.50	0.51	0.52
P/N（kgf）	1294（132）	1363（139）	1432（146）	1500（153）	1569（160）	1667（170）	1765（180）
D_b（1 +5%）/mm	0.53	0.54	0.55	0.56	0.57	0.58	0.59
P/N（kgf）	1863（190）	1961（200）					
D_b（1 +5%）/mm	0.60	0.61					

（13）烧结点 P_D 的测定。

按表 3 - 3 的负荷级别，一般从 784N（80kgf）开始，逐级加负荷进行一系列的 10s 试验，记录所测得的磨痕直径，直到发生烧结。在发生烧结的负荷下进行一次重复试验。如果两次试验均烧结，则此试验负荷即为烧结点。如不发生烧结，则在较高一级负荷下进行新的试验，并重复进行，直至确定烧结点。

五、数据记录与处理

每次实验后，把磨痕直径记录在表 3 - 3 中，并根据步骤（12）和（13）测定最大无卡咬负荷 P_B 和烧结点 P_D。

表 3 - 3　四球机测定极压性能记录表

负荷级别	负荷/N（kgf）	平均磨痕直径/mm	负荷级别	负荷/N（kgf）	平均磨痕直径/mm	负荷级别	负荷/N（kgf）	平均磨痕直径/mm
1	59（6）		5	157（16）		9	392（40）	
2	78（8）		6	196（20）		10	490（50）	
3	98（10）		7	235（24）		11	618（63）	
4	127（13）		8	314（32）		12	784（80）	

（续表）

负荷级别	负荷/N（kgf）	平均磨痕直径/mm	负荷级别	负荷/N（kgf）	平均磨痕直径/mm	负荷级别	负荷/N（kgf）	平均磨痕直径/mm
13	981（100）		17	2452（250）		21	6080（620）	
14	1236（126）		18	3089（315）		22	7846（800）	
15	1569（160）		19	3923（400）				
16	1961（200）		20	4904（500）				
实验结果			$P_B =$ _____ N（kgf）			$P_D =$ _____ N（kgf）		

六、注意事项

（1）不要用四氯化碳或其他具有承载能力的溶剂清洗，以免影响实验结果。

（2）由于夹头不断地经受磨损和卡咬，因此每次实验前应仔细检查夹头，如果发现实验钢球与夹头不能紧密结合或夹头有咬伤痕迹，应及时更换。

（3）加载负荷时应避免冲击负荷，否则会引起实验钢球的永久变形。

（4）由于金属的转移影响了试验钢球所形成的磨痕表面，其磨痕直径的测量是困难的，此时应将金属转移物去掉再测定。如果磨痕边缘模糊或不规则不好测定时，则用估算法确定磨痕直径。

（5）发生烧结时，应立即关闭电机，否则会损坏机器，试验钢球和夹头之间也会产生严重擦伤。可用下列方法判断是否烧结：①摩擦力记录仪指示笔剧烈地振动；②电机噪音增加；③油盒冒烟。

（6）某些试油在实验时四个钢球并不发生真正的烧结，而是出现严重的擦伤。在这种情况下，以产生4mm磨痕直径所加的负荷为烧结点。

（7）重复性。同一操作者用同一台设备，同一样品在规定的条件下，连续两次试验结果之差不得超过下列数值：①最大无卡咬负荷为平均值的15%；②烧结点为一级负荷增量；③负荷磨损指数为平均值的17%。

七、思考题

1. 润滑油极压性能检测的参数有哪些，有何意义？
2. 四球试验机测定润滑油极压性能的原理与方法是什么？

实验三　梯姆肯法检测润滑油液的极压性能

一、实验目的

（1）了解梯姆肯法检测润滑油极压性能的参数。
（2）熟悉梯姆肯法检测润滑油极压性能的实验方法。
（3）掌握梯姆肯法检测润滑油极压性能的实验操作技术。

二、实验方法

在开始试验前，试样需预热到 37.8℃ ±2.8℃。试验时，一个钢制试环紧贴着一个钢制试块转动。转动速度为 123.71m/min ± 0.77m/min（405.88ft/min ± 2.54ft/min），此速度相当于轴速 800r/min ±5r/min。需要确定的两个值：在旋转的试环和固定的试块之间的油膜破裂而引起卡咬或刮伤的最小质量（重量），即刮伤值。在旋转的试环和固定的试块之间的油膜不破裂而不引起卡咬或刮伤的最大质量（重量），即"OK"值。

三、仪器与试剂

1. 仪器

梯姆肯试验机。

试样供给装置：一个约 3785mL 的油箱和能使试样自流到试件间去的管道系统，油箱装有加热器用于加热试样。试样流进油池由泵送回油箱。在油池出口装有一个孔径为 149μm 的滤网和一块磁石，避免磨损颗粒进入泵内造成磨损。流到试环和试块上的润滑液的流动速率由油箱出口的三通阀控制。

加载装置：要求能以 0.907 ~ 1.361kg/s（2 ~ 3lb/s）的均匀速率施加和卸除加载砝码。

显微镜：低倍数（50 ~ 60 倍），有足够的清晰度，且带有测微器，以便测量磨痕宽度，测量精度为 ±0.05mm（±0.002in）。

计时器：有"分"和"秒"刻度度量。

温度计：水银棒式温度计，测量范围 0 ~ 100℃，分度值为 0.1℃。

2. 试剂与材料

丙酮：符合 GB/T686 的要求。

航空洗涤汽油：符合 SH0114 的要求。

试环：渗碳钢制，洛氏硬度 HRC 为 58 ~ 62，或维氏硬度 HV 为 653 ~ 756。试环宽度为 13.06mm ± 0.05mm（0.514in ± 0.002in），周长为 154.51mm ± 0.23mm（6.083in ± 0.009in），直径为 $49.22^{+0.025}_{-0.127}$mm（$1.938^{+0.001}_{-0.005}$in），最大半径偏心率为 0.013mm（0.0005in）。表面粗糙度为 0.51 ~ 0.76μm（20 ~ 30μin）C.L.A（轮廓算术平均偏差）。

试块：渗碳钢制，洛氏硬度 HRC 为 58 ~ 62，或维氏硬度 HV 为 653 ~ 756。试块表面宽 12.32mm ± 0.05mm（0.485in ± 0.002in），长为 19.05mm ± 0.41mm（0.750in ± 0.016in）。

每个试块有四个试验表面，表面粗糙度为 0. 51 ~ 0. 76μm（20 ~ 30μin）C. L. A（轮廓算术平均偏差）。

四、实验步骤

（1）用航空洗涤汽油和丙酮依次清洗与试样接触的零部件，接着吹干。最后用约 1L 的试样冲洗油路，然后排放干净。

（2）选一套新试件，并用航空洗涤汽油清洗干净，接着用洁净绸布或过滤纸擦干。在安装试件时，先用丙酮擦拭干净，随后吹干。切忌用具有承载性能的溶剂（如四氯化碳）擦拭试件，以免影响试验结果。

（3）仔细安装试验机，把试环装在主轴上，适当上紧，但要避免过紧而变形。按同样的要求，把试块装在试块架中。调整杠杆系统，使所有刀刃全部对准，使杠杆严格保持水平。将选定的砝码，放在加载装置的加载盘上，将加载盘上的弹簧挂在负荷杠杆末端的坡口上（注意避免冲击试件）。用试样涂抹试块和试环，慢慢用手或其他方法转动主轴几周。如果安装正确，覆盖在试验环上的试样将被涂拭均匀。

（4）将试样约 3L 注入实验油箱，液面距顶部约 76mm（3in），预热到 37. 8℃ ±2. 8℃。

（5）全开油箱出口阀，让试样流经试环进入油池，当油池半满时，启动电动机并试运转 30s。如果试验设备配有加速控制系统，启动电动机后均匀加速，15s 达到 800r/min ±5r/min，则完成试运转。

（6）试运转之后，启动计时器且以 8. 9 ~ 13. 3N/s（2 ~ 3lbf/s）的加载速度施加一个比估计刮伤值小的负荷。在无法估计时，建议起始负荷为 133. 4N（30lbf）。

（7）如果在负荷施加后有明显的刮伤迹象，如有异常震动、噪声等应立即停机，关闭试样出口阀，并卸掉负荷。因为深度刮伤会产生高温，甚至会改变整个试块的表面特性，导致试块报废。值得注意的是，在这种情况下，试验机和试块过热，应避免直接接触。

（8）如果不发生刮伤现象，让试验机运转 10min ± 15s，然后转动加载装置旋钮卸掉负荷，同时关闭主轴电机和试样出口阀，移开负荷杠杆，取出试块，在放大倍率为 1 的物镜下观察试块表面。只要磨痕出现任何刮伤或焊点则试样在此一级负荷下失效。

（9）如果不发生刮伤，翻转试块，换上新试环，增加 44. 5N（10lbf）负荷，按照步骤（8）重复试验，直至出现刮伤为止。然后再由刮伤负荷降低 22. 2N（5lbf），进行最后一次试验。

（10）如果在 133. 4N（30lbf）负荷下产生刮伤，则将负荷减少至 26. 6N（6lbf）进行试验，直到不出现刮伤，然后再增加 13. 3N（3lbf）负荷，进行最后一次试验。

（11）如果某一级负荷的磨痕对于确定开始刮伤有疑问，则在此相同负荷下，重复试验。如果第二次试验产生刮伤，则这一级负荷为刮伤负荷。如果第二次试验不产生刮伤，则此负荷为不刮伤负荷。如果第二次试验仍产生疑问，不要简单地对这一负荷级做评价，可在高一级负荷下进行试验，借助高一级负荷试验结果确定有疑问一级负荷的结果。如果高一级负荷下是刮伤，则原先有疑问一级负荷也应判断为刮伤。

五、数据记录与处理

报告"OK"值和刮伤值。报告"OK"值，以 N（lbf）为单位。133.4N（30lbf）以上，应是 22.2N（5lbf）的倍数。133.4N（30lbf）以下，应是 13.3N（3lbf）的倍数。

测量 OK 值负荷下的磨痕宽度，用显微镜测量，精确到 0.05mm。如果磨痕不规则，采用割补法测定磨痕的平均宽度。接触压力 C [MPa（N/mm^2）] 按式（3-1）计算：

$$C = L(X+G)/(YZ) \qquad\qquad (3-1)$$

式中，L 为负荷杠杆力臂长度比，$L=10$；X 为"OK"负荷（N）；G 为负荷杠杆常数（N）；Y 为磨痕宽度（mm）；Z 为磨痕长，12.7mm。

六、注意事项

（1）试验机必须刚性安装，以免因震动而影响试验结果。

（2）当试环装在主轴上时，径向跳动大于 0.025mm，试验结果将受到影响，这将意味着主轴可能损坏，应更换。应定期检查试环及主轴的径向跳动。

（3）每次做完一级负荷的试验，再进行下级负荷试验时，应使油箱内的试样温度冷却到 37.8℃±2.8℃，且在主轴温度低于 65.6℃±2.8℃时，安装新试环和翻转试块。因为深度刮伤会产生高温，甚至会改变整个试块的表面特性，导致试块报废。

七、思考题

1. 梯姆肯法检测润滑油极压性能的参数与意义。
2. 梯姆肯法测定润滑油极压性能的原理与方法。

第四章　润滑油液铁谱分析实验

实验一　直读式铁谱实验

直读式铁谱仪主要用来直接测定油样中磨粒的浓度和尺寸分布，能够方便、迅速而较准确地定量测量油样内大小磨粒的相对数量。直读式铁谱分析能对设备状态做出初步的诊断，是目前设备监测和故障诊断的较好手段。

ZTP－X2 型直读式铁谱仪利用高梯度、强磁场将油样中磨粒沉积的原理，可快速测定机器润滑油中所含两种不同粒度范围（大于 $5\mu m$ 和 $1\sim2\mu m$）内的磨粒浓度值。它广泛应用于机器工况监测、磨损机理研究、润滑油品质评定等生产及科研领域，是机械、交通、能源、材料、国防等部门开展机器故障诊断和摩擦学研究的分析仪器。

一、实验目的

（1）了解直读式铁谱仪的工作原理。
（2）了解直读式铁谱分析手段的应用和意义。
（3）掌握直读式铁谱仪的实验操作技术。

二、实验原理

ZTP－X2 型直读式铁谱仪原理图如图 4－1 所示。

取自机器润滑油系统的油样 1 在虹吸作用下经毛细管 2 流入位于磁铁狭缝上方的玻璃沉积管 3 内，油样中的可磁化磨粒在高梯度、强磁场的作用下依磨粒大小排列在沉积管内壁的不同位置上，在沉积管的入口区，$1\sim2\mu m$ 的磨粒沉积层上覆盖着大于 $5\mu m$ 的大磨粒，而 5mm 后的位置上则沉积着只有 $1\sim2\mu m$ 的小磨粒，如图 4－2 所示。

固定测点上由两只光电探头 7 接受由光源灯发出后经光导纤维 6 穿过磨粒沉积层的光信号，该信号的强弱反映了磨屑的沉积量，并通过微机及电子系统 9 的放大、转换等处理，最终在数显屏 10 上以数字形式直接显示出来，其中数显屏上的 D_L 数值表达了油样中大磨粒量的浓度值，D_S 则为小磨粒量的浓度值。所显示数值单位为无量纲，只表示磨粒量浓度的大小。

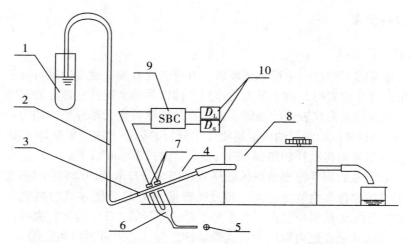

图 4-1　ZTP-X2 型直读式铁谱仪工作原理图

1—油样；2—毛细管；3—沉积管；4—磁铁；5—光源灯；

6—光导纤维；7—光电探头；8—虹吸泵；9—微机及电子系统；10—数显屏

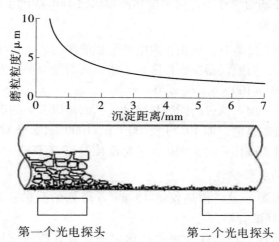

第一个光电探头　　　　　　　　　第二个光电探头

图 4-2　沉积管内的磨粒排列

三、仪器与试剂

1. 仪器

ZTP-X2 型分析式铁谱仪。

定量移液器：1mL，2 支。

小烧杯：20mL，1 个。

2. 试剂

四氯乙烯：分析纯。

四、实验步骤

1. 油样的预处理

被分析油样需要经过一定程序处理后，方可送入直读式铁谱仪进行分析。当油样从润滑系统中取出并静止放置时，由于重力的作用，油样内的磨粒便立即开始沉降，为保证从大的储油瓶中取出少量具有代表性的油样，首先必须使磨粒在大油样瓶内均匀散布。参照美国材料试验学会（ASTM）的润滑油内金属物化学分析的标准方法，采取如下步骤：

（1）在恒温箱内将油样加热到 $65℃ \pm 5℃$，保持 30min 以上。

（2）拧紧瓶盖后用手剧烈地振摇油样瓶，以充分打散油内磨粒团块使之均匀悬浮。

（3）如果原油样瓶内装得过满（超过瓶容量的 3/4），则在其加热之后全部倒入另一更大的干净玻璃瓶内（其剩余容积至少要大于总油量的 1/3）再进行振摇。

（4）在每次从油样瓶内取出少量实验油样之前，必须再预热和振摇。

（5）放实验油样的容器应采用无色透明玻璃瓶（最好为方形瓶，以便用肉眼直接观察油样情况）。

（6）从经过预处理的油样中，用定量移液器取出 1mL 放到干净的试管内备用。

2. 油样的稀释处理

当油样内磨粒浓度过高时，沉积管内磨粒沉积的多层覆盖会导致仪器的测量结果不再与磨粒浓度呈线性关系，为使仪器在线性区内工作，人为控制油样内的磨粒浓度使其读数处于规定的范围内：$5 \leqslant D_L \leqslant 100$，$5 \leqslant D_S \leqslant 70$。

其方法是在油样内加入滤过的同牌号净油，从而加以人为的磨粒浓度稀释，其稀释比例按常用对数的自然级数递增，即 $10:1$、$100:1$、$1000:1$，…对经过不同稀释比例的稀释油样进行分析比较时，按相应的比例扩大为标准读数值 DSTD。

3. 直读铁谱仪的实验操作

（1）打开仪器电源开关，预热仪器 15min 方可开始测试工作（此间可先进行准备工作）。抬起立柱，挂好试管架。

（2）取一沉积管组，抬起弹性夹将玻璃沉积管放在磁铁狭缝上，落下弹性夹后压住，将毛细管套进磁铁左侧的挂钩内再向上挂到试管架的弹簧夹上，将透明塑料管套在磁铁右侧的进油嘴上。

（3）取一干净的试管，注入 3mL 稀释溶剂（四氯乙烯）放在试管架孔中，取已注入 1mL 的分析油样的试管加入 1mL 稀释溶剂，将小片干净的塑料膜放在试管口上，用大拇指压住后用力摇动，使油与溶剂充分混合，然后放在试管架另一孔中。

（4）通过操作键盘，将日期和油样标记输入仪器内以便存储和打印。

（5）如图 4-3 所示，虹吸泵手轮设一白色标志点，标志圈上设有白色标志点 1 和 2 及红色标志点，标志圈上各标志点对应相应的状态。使用时，首先将手轮上的白点与标志圈的左白点对准，然后将沉积管上的毛细管插入稀释溶剂管内。顺时针匀速将手轮旋转到其白点与标志圈右白点对准（开泵）时稀释溶剂便被吸入毛细管并缓缓流下，当其注入玻璃管并从右端流出时将手轮旋转到其白点与标志圈红点对准（关泵），此时流动停止，按 A·ZERO

键，则 D_L 和 D_S 均显示为 0000 ± 1，然后将毛细管插到油样试管内（注意要插到管底），逆时针将手轮旋回到与标志圈的右白点对准，油样即被从试管中吸出并经沉积管流出。此时应在仪器左侧出油嘴下放好接油杯（出油嘴上应套一塑料管）待废油流出。

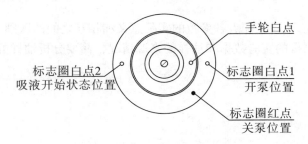

图 4 - 3　虹吸泵手轮位置图

（6）油样全部流完时（管底不得有剩油），关泵后将毛细管换插到稀释溶剂试管内，开泵后便开始清洗程序，在稀释溶剂流动过程中每隔 5 ~ 10s 将毛细管提出液面一次再迅速插回（注意不要使虹吸中断）以引入一小段（1 ~ 2mm）空气柱，共四五次，这样可以加强冲洗不透明油样的效果。

（7）当全部稀释溶剂流完，显示数字稳定时便可读数，亦可按【INRAM】键将数据存储或按【PRINT】键将数据及常规计算打印出来。

（8）抬起弹性夹取下沉积管，并将其抬高使残液从虹吸泵出嘴流出，从进油嘴上拔下塑料管，操作完毕。最后一次做完后，用洗耳球对准进油嘴将泵内残存废油吹出，仪器使用完后应将虹吸泵手轮打到开泵位置。

五、实验记录与分析

实验过程中，须记录表 4 - 1 所示数据，并进行分析。

表 4 - 1　直读式铁谱读数记录表

日期	油样编号	油样来源	大磨粒浓度 D_L	小磨粒浓度 D_S	磨损烈度指数 $I_S = (D_L + D_S)(D_L - D_S)$

六、注意事项

（1）为避免因气体受热膨胀而使玻璃瓶破裂，在油样加热过程中应拧松瓶盖。

（2）要边倒边摇晃原油样瓶，不要在原油样瓶底遗留下沉积物。

（3）在操作过程中避免手指触及玻璃沉积管。

（4）四氯乙烯具有微毒，实验操作应在通风条件下进行。

七、思考题

1. 请比较分析与本组其他同学实验结果的差别，总结直读式铁谱仪的操作要领和注意事项。

2. 请简要阐述 D_L、D_S 和 I_S 各参数的实际意义和相互之间的区别。

3. 请结合所测得的实验数据和油样的来源情况，简要分析油样的设备润滑状态。

实验二 分析式铁谱实验

分析式铁谱仪利用高梯度、强磁场将机器润滑油中的铁磁性及顺磁性磨粒分离出来，并按其粒度大小依次沉在玻璃片制成的铁谱片上，铁谱分析显微镜可以对铁谱片上的磨损微粒进行形态、尺寸、成分及数量等方面的观测和分析。

FTP - X2 型分析式铁谱仪系统包括铁谱仪主机与铁谱分析显微镜，可以广泛地用于各类机器系统的磨损监控和润滑油油品评定，也可以用来进行摩擦状态转换及磨损机理的研究，因此，它是实现机器工况监测和进行微粒摩擦学研究的重要仪器。

一、实验目的

（1）了解分析式铁谱仪的工作原理。
（2）了解分析式铁谱分析手段的应用和意义。
（3）掌握分析式铁谱仪的实验操作技术。

二、实验原理

FTP - X2 型分析式铁谱仪工作原理如图 4 - 4 所示。

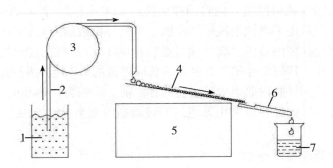

图 4 - 4 分析式铁谱仪制谱工作原理
1—油样；2—导油管；3—微量泵；4—铁谱基片；5—磁场装置；6—回油管；7—废油杯

微量泵 3 以低稳定速率将分析油样 1 经导油管 2 输送到安放在磁场装置上方的铁谱基片 4 的上端，铁谱基片 4 与水平面成一定的角度（1°~3°），这样磁场装置 5 使油流方向形成一个逐步增强的高梯度磁场，同时又便于油液沿倾斜基片向下流动。分析油样以 15~40mL/h 的流速向下流动，最后经回油管 6 排入废油杯 7 中。分析油样中的可磁化金属磨粒在流经高梯度、强磁场时，受到高梯度磁场力、流体黏性阻力和重力的联合作用，能按磨粒尺寸大小有序地沉积在铁谱基片上。在油样全部通过铁谱基片之后，用四氯乙烯溶液洗涤基片，清除残余的油液，并将磨粒予以固定，制成可供观察和检测的铁谱片。

在铁谱显微镜下，对铁谱基片上沉积的磨粒进行大小、形态、成分、数量等方面的特征定性和定量分析后，就可以对所监测的设备的零件的摩擦学状态作出判断。

三、仪器与试剂

1. 仪器

FTP – X2 型分析式铁谱仪。

铁谱分析显微镜。

定量移液器：1mL，2 支。

小烧杯：20mL，1 个。

2. 试剂

四氯乙烯：分析纯。

四、实验步骤

1. 油样的预处理

FTP – X2 型分析式铁谱仪原则上适用于任何液体介质的试样。当油样从润滑系统中取出并静止放置时，由于重力的作用，油样内的磨粒便立即开始沉降，为保证从大的储油瓶中取出少量具有代表性的油样，首先必须使磨粒在大油样瓶内均匀散布。参照美国材料试验学会（ASTM）的润滑油内金属物化学分析的标准方法，采取如下步骤：

（1）在水浴锅（或恒温箱）内将油样加热到 65℃ ±5℃，保持 30min 以上。

（2）拧紧瓶盖后用手剧烈地振摇油样瓶，以充分打散油内磨粒团块使之均匀悬浮。

（3）如果原油样瓶内装得过满（超过瓶容量的 3/4），则在其加热之后全部倒入另一更大的干净玻璃瓶内（其剩余容积至少要大于总油样量的 1/3）再进行振摇。

（4）在每次从油样瓶内取出少量实验油样之前，必须再预热和振摇。

（5）放实验油样的容器应采用无色透明玻璃瓶（最好为方形瓶，以便用肉眼直接观察油样情况）。

2. 油样的稀释或增浓处理

油样的稀释有两个含义，一是稀释溶剂（四氯乙烯）与油样的混合，以得到恰当的试样黏度，即黏度稀释。黏度稀释的主要目的是不让油样在实验过程中流动得太慢。二是经过过滤的同牌号净油和油样混合，以得到铁谱基片上恰当的磨粒沉积密度，即浓度稀释。浓度稀释的目的是在实验过程中使铁谱基片入口区即大磨粒区，覆盖面积百分比在 10% ~40% 之间，以便于观察磨粒。因此，如果全部试样经铁谱基片后，其上面沉积磨粒的覆盖面积百分比小于 10% 时，应该适当增加试样量。

3. 分析铁谱仪的实验操作

（1）安放铁谱基片。

①取出基片，注意手持基片边缘，避免手指触及基片工作面。

②将基片工作面的圆点标记置于左下方，拉出基片压紧手柄，将基片放在磁铁工作槽内，放开手柄，基片即被压紧。

（2）油样处理及试管安装。

①从经过预处理的油样中，用定量移液器取出 3mL 放到干净的试管内，然后再加入 1mL 稀释溶剂（四氯乙烯），用小片干净的塑料膜放在试管口上，用大拇指压住后用力摇动，使油样与四氯乙烯充分混合。

②混合充分后，将油样试管口上的油液擦干净后装在铁谱仪的试管架上。

（3）安装输油管。

①放松试管架顶部手钮，将输油管切有"V"形缺口一端从手钮孔中插入到试管底部，然后将旋钮旋紧。

②将输油管另一端插入支臂孔中，当其端面距铁谱基片 1.5mm 左右时，用支臂右侧上的小螺丝将其轻轻固定，然后将输油管套在支臂后端小挂钩内。

（4）调整回油管及安放回油杯。

①将回油管插入回油管支架，斜面向下、向前推动回油管直至 45°斜面与铁谱基片接触，然后旋紧支架右侧的紧固旋钮，如图 4-5 所示。

②将回油小烧杯放在回油玻璃管的另一端，以便接收废油。

（5）开机。

将仪器面板转向旋钮放到油样挡，输送复位开关拨到复位挡，打开电源开关检查复位情况，若黄色指示灯闪亮说明复位完成，若不亮则继续进行复位程序，此时油样试管中会有气泡产生直到黄色指示灯闪亮而停机。

说明：本仪器活塞采用往复式，因此每做完一个油样后必须复位，否则做第二个油样时有可能中途活塞到位（绿色指示灯闪亮）而无法完成全程序操作。

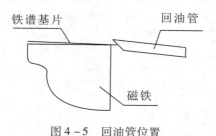

图 4-5　回油管位置

（6）输送油样。

先将开关分别拨到输送挡和快速挡，此时试管中的油样被压到输油管中慢慢移动，当到达管子最高转弯处时，将开关拨到常速挡再将调速旋钮转到所需位置，则油样经输油管缓缓流到铁谱基片上沿着 U 形槽流下。

当油样流到与回油管接触时，应进行导流。若流到外面则应重新调整回油管使其斜面与铁谱基片接触好，并及时擦净以免污染仪器。

（7）输送四氯乙烯。

当油样全部从管子中流出后，马上将转向开关拨向清洗挡并将开关拨到快速。稍等片刻四氯乙烯即从瓶中被压出经毛细管流到铁谱基片上，再将开关拨到常速挡，并将定时器打开。

四氯乙烯用量由时间控制，使用 1mL，若流量为 20mL/h 则冲洗 3min 即可，定时器过

3min 发出警鸣后，将定时器关闭，并将输送复位开关拨到中间"○"暂停位。

（8）结束。

①将支臂与回油管分别抬起，抽出输油管，取下试管。

②将转向旋钮拨向油样挡，开关分别拨向快速和复位，开机后开始复位，待黄色灯闪亮时复位程序自动停止，将开关拨向"○"暂停位，若不继续作油样分析实验则关掉电源开关。

③在复位过程中铁谱基片上的四氯乙烯也基本自然挥发干净了（若出口处仍有残留液可用棉球吸干），拉出基片压紧手柄，用铜镊子夹住基片下端边缘，垂直向上取出。

④在制成的铁谱基片右上角做标记和编号。

⑤取下回油管，倒掉油杯废油和试管一起清洗，烘干，以备下次使用。输油管原则上一次性使用，亦可在仔细清洗后回用。

4. 铁谱基片的观察与分析

打开铁谱显微镜电源开关，将擦拭干净的载物片放在显微镜载物台上并用弹性夹固定，把铁谱片放在载物片上，将选用的物镜对准铁谱片，升降载物台调焦即可观看铁谱基片的磨粒。根据观察的需要可分别选用透射、反射照明，或各种滤色片及偏振光照明，也可摄影照相。

五、实验记录与分析

实验过程中，须记录如表4-2所示的数据，并进行分析。

表4-2　分析式铁谱基片观察记录表

磨粒类型	磨粒特征描述	选用光照背景
黏着磨粒		
疲劳磨粒		
氧化磨粒		
切削磨粒		
化学腐蚀磨粒		
其他磨粒		

六、注意事项

（1）为避免因气体受热膨胀而使玻璃瓶破裂，在油样加热过程中应拧松瓶盖。

（2）要边倒边摇晃原油样瓶，不要在原油样瓶底遗留下沉积物。

（3）输油管的一头有"V"形缺口，需将这一头插到油样试管最底部。

（4）油样、清洗转换旋钮只能放在油样或清洗两个位置上，千万不要放在中间位置上，否则极易造成活塞损坏。

（5）当试管中油样全部压出输油管开始出现空气柱时，则气压调整平衡造成瞬时流速过快，此属正常现象。

（6）由于四氯乙烯瓶内气压平衡问题，停机后四氯乙烯仍继续流出，待 1～2min 后缓缓停止。此间不要急于抬起支臂，待完全停止后再抬起支臂。

（7）必须在谱片充分自然干燥后方可取出，取出谱片时应垂直向上离开磁铁，切不可沿水平方向拉出，否则在磁场作用下磨粒分布会受到影响而使磨粒排序打乱。

（8）四氯乙烯具有微毒，实验操作应在通风条件下进行。

七、思考题

1. 请总结分析式铁谱仪的操作要领和注意事项。
2. 请根据谱片的观测结果，分析存在的磨损类型和特征，推断油样的设备润滑状态。
3. 简述直读式铁谱仪和分析式铁谱仪在设备监测中的不同意义。

第五章　润滑油液光谱分析实验

实验一　多元素油液分析光谱实验

光谱分析技术是对润滑油中金属元素进行的光谱分析方法，有原子吸收光谱技术、原子发射光谱技术和等离子体发射光谱技术。常用的是前两种光谱技术，它们都是通过分析润滑油中金属磨损微粒的材料成分和数量，了解设备摩擦副的磨损情况，以正确判断设备是否异常和预测故障，为设备检修提供科学依据。

气体的原子或离子受激发后辐射的光谱，是一些单一波长的光，即线光谱。利用物质受电能或热能激发后辐射出的特征线光谱来判断物质组成的技术，就是原子发射光谱技术。可根据特征谱线是否出现来判断某物质是否存在，以及特征谱线的强弱来判断该物质含量的多少。

一、实验目的

（1）了解油液光谱分析的工作原理。
（2）了解原子发射光谱技术的意义。
（3）掌握 MOA 多元素油液光谱测定的方法。

二、实验原理

MOA Ⅱ多元素油液光谱仪工作原理如图 5 – 1 所示。

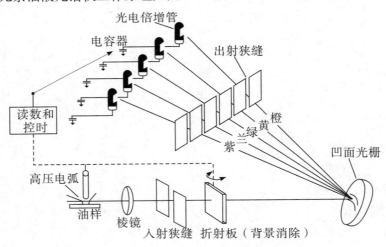

图 5 – 1　MOA Ⅱ多元素油液光谱仪工作原理

如图 5 - 1 所示，光谱仪的激发光源采用高压电弧，一极是石墨棒，另一极是缓慢旋转的石墨圆盘。石墨圆盘的下半部浸入油盒内的被分析油样中，当它旋转时，便把油样带到两极之间。电弧穿透油膜使油样中微量金属元素受激发而发出特征辐射线，经光栅分光，各元素的特征辐射照到相应的位置上。由光电倍增管接受辐射信号，再经电子线路的信号处理，便可直接检出和测定油样中各元素的含量。整个分析程序由计算机控制。

MOA 型光谱仪可以同时测定 20 种元素，它们是 Fe、Cu、Pb、Cr、Sn、Si、Mo、Al、Mg、Li、Na、Mn、Ag、Sb、V、Ti、B、Ca、Zn、P。元素的测量精度是亿分之一，分析时间为 30s。根据油样中元素含量的变化就可以评价设备的磨损状况和工作状况。

三、实验设备

（1）MOA Ⅱ 多元素油液光谱仪；
（2）石墨圆盘；
（2）石墨盘；
（4）小油盒。

四、实验方法与步骤

1. 开机

开机后绿色电源指示灯点亮，大约 2min 以后红色指示灯组最上方的数据传输指示灯开始闪烁，表示仪器进入自校正状态，该过程大约持续 0.5min。该指示灯熄灭后仪器进入待机状态，此时方可运行操作程序。该仪器的热稳定时间应不少于 1h。

2. 光源暖机

（1）双击打开桌面分析样品（Analyze Samples）图标，如图 5 - 2 所示。

（2）选定要使用的分析程序（Analytical Program），点击"OK"，如图 5 - 3 所示。

图 5 - 2　分析样品图标

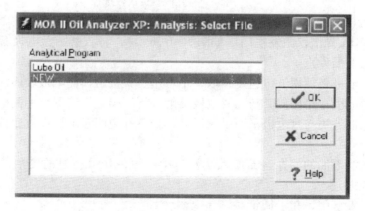

图 5 - 3　选择分析程序

（3）双击打开样品（Samples）选项的下拉菜单中的光源暖机（Warm Up Source）程序选项，如图 5 - 4 所示。

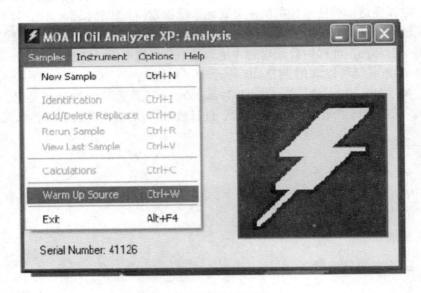

图 5 - 4　选择光源暖机

（4）点击"OK"（电脑显示默认 3 次，若是 3 次以上则至少要激发 3 次），如图 5 - 5 所示。

图 5 - 5　光源暖机次数选择

（5）进行样品激发前准备工作，具体操作如下：

①打开 MOA 光谱仪激发室门（如图 5 - 6 所示），将石磨圆盘电极套到电极轴上，并压紧直到不能往里推为止。

注意：盘电极必须用纸巾包裹拿取，不可用手直接触摸盘电极表面。

②放上棒电极，略松使其与盘式电极接触。下压棒电极装置，使两电极之间产生分析间隙。观察棒电极外端与盘电极平面是否对齐，如不齐说明盘电极没放到位，需重新将盘电极放到位。

③将倒入润滑油的油样容器放入激发室中（可使用分析过的废油，因此步骤只为了暖机而不读取数据）。

④关好激发室门，扣上插销。

图 5 - 6　MOA 光谱仪激发室

（6）做好以上准备后，点击"Go"进行样品分析，如图 5 - 7 所示。

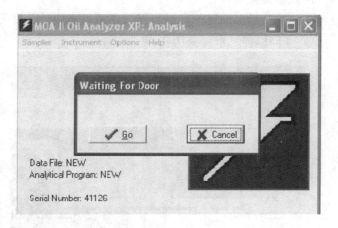

图 5 - 7　进行样品分析

此时激发室开始工作。待第一次激发完成后，打开激发室门，并安装好切削棒电极（其操作见附录），重新调整两电极间隙，在油盒中加少许油使油盒充满，关好门（可以不用换新盘电极）。进行第二次激发，两次激发应相隔 0.5 ~ 1min。重复以上步骤，操作共进行三次或三次以上激发即可。

3. 狭缝扫描

（1）双击打开工具（Instrument）下拉菜单中扫描（Profile）程序，如图 5 - 8 所示。

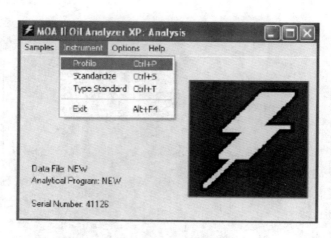

图 5 – 8　选择扫描

（2）打开激发室门，依次取出里面样品容器、棒式电极、盘式电极，用无屑试纸将视窗、盘式电极轴擦拭干净。

（3）用无屑试纸垫着取出新的盘式电极并套到电极轴上压紧。

（4）放上新的棒式电极重复操作。

（5）将装有 100mg/mL 标准油样的样品容器放入激发室中，关好门。

（6）点击"Go"进行扫描分析，如图 5 – 9 所示。

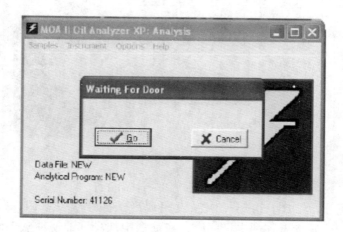

图 5 – 9　进行扫描分析

（7）进行狭缝扫描，结束后屏幕显示一条曲线，峰值一般在 2000 左右（1500 ~ 2500 为合格），如图 5 – 10 所示。

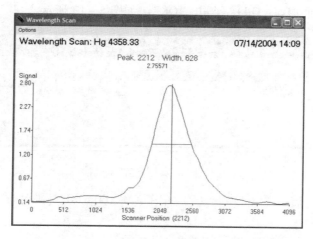

图 5 – 10　扫描曲线

（8）关闭窗口。

（9）屏幕显示峰值数据，在合格范围内点击"OK"，如图 5 – 11 所示。

图 5 – 11　扫描合格选择

4. 校正工作曲线（标准化）

（1）双击打开工具（Instrument）下拉菜单中标准化（Standardize）程序，如图 5 – 12 所示。

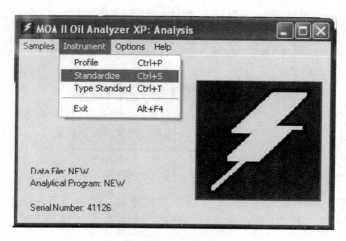

图 5 – 12　选择标准化

（2）选基础油（Base Oil），点击"OK"，如图5-13所示。

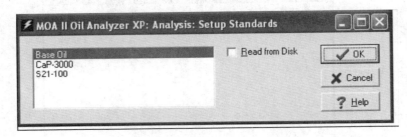

图5-13　选择基础油

（3）按狭缝扫描步骤（2）～（5）操作，将100mg/L标准油样改成0mg/L基础油进行操作。

（4）点击"Go"进行激发，如图5-14所示。

图5-14　选择激发

（5）激发结束后屏幕显示测试数据，如认可重复狭缝扫描步骤（2）～（5）操作，点击"Go"测试数据，如图5-15所示。

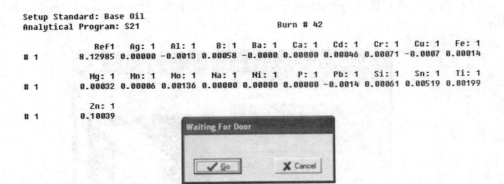

图5-15　测试数据

（6）重复本项操作步骤（3）～（5），两次激发应相隔0.5～1min。共做三次（程序设定三次）。屏幕显示三组20种元素的检测数据，如图5-16所示。

```
Setup Standard: Base Oil
Analytical Program: S21                          Burn # 44

            Ref1    Ag: 1    Al: 1    B: 1    Ba: 1    Ca: 1    Cd: 1    Cr: 1    Cu: 1    Fe: 1
# 1       8.12985  0.00000 -0.0013  0.00058 -0.0000  0.00000  0.00046  0.00071 -0.0007  0.00014
# 2       8.17741  0.00000 -0.0008  0.00049  0.00009 0.00000  0.00028  0.00125 -0.0005 -0.0001
# 3       8.09291  0.00000 -0.0007  0.00048  0.00001 0.00000  0.00103  0.00136 -0.0004  0.00017
Average   8.13339  0.00000 -0.0009  0.00052  0.00003 0.00000  0.00059  0.00111 -0.0005  0.00010
Std.Dev.  0.05975  0.00000  0.00010 0.00001  0.00002 0.00000  0.00053  0.00008  0.00011 0.00017
% RSD       0.73     0.00    11.11    1.92    60.67    0.00    81.26     6.06    24.90   170.00

            Mg: 1    Mn: 1    Mo: 1    Na: 1    Ni: 1    P: 1     Pb: 1    Si: 1    Sn: 1    Ti: 1
# 1       0.00032  0.00006  0.00136  0.00000  0.00000  0.00000 -0.0014  0.00061  0.00519  0.00199
# 2       0.00018  0.00019  0.00141  0.00000  0.00000  0.00000 -0.0011  0.00048  0.00590  0.00207
# 3       0.00032  0.00039  0.00188  0.00000  0.00000  0.00000 -0.0011  0.00084  0.00644  0.00227
Average   0.00025  0.00029  0.00164  0.00000  0.00000  0.00000 -0.0011  0.00066  0.00617  0.00217
Std.Dev.  0.00010  0.00014  0.00033  0.00000  0.00000  0.00000  0.00000 0.00025  0.00038  0.00014
% RSD      38.84    48.73    20.33     0.00     0.00     0.00     0.28    38.12     6.18     6.55

            Zn: 1
# 1       0.10039
# 2       0.09571
# 3       0.09664
Average   0.09758
Std.Dev.  0.00066
% RSD       0.68
```

图 5 - 16　测试结果显示

关闭窗口。

（7）测试结果正确点击"Yes"，如图 5 - 17 所示。

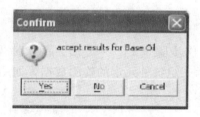

图 5 - 17　确认

（8）选 S21 - 100（100mg/L 标准油），点击"OK"，如图 5 - 18 所示。

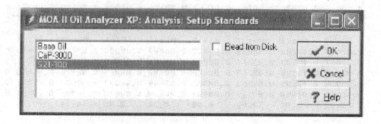

图 5 - 18　选 S21 - 100

（9）按狭缝扫描操作步骤（2）～（5）进行操作。

（10）点击"Go"进行激发，如图 5 - 19 所示。

图 5 – 19 激发

（11）激发结束后屏幕显示测试数据，如认可重复狭缝扫描操作步骤（2）～（5），点击"Go"测试数据，如图 5 – 20 所示。

```
Setup Standard: S21-100
Analytical Program: S21                        Burn # 49

           Ref1     Ag: 1    Al: 1    B: 1    Ba: 1    Ca: 1    Cd: 1    Cr: 1    Cu: 1    Fe: 1
# 1     8.34206  0.00000  0.07009  0.19728  0.02959  0.00000  0.10721  0.09877  0.16359  0.10750

           Mg: 1    Mn: 1    Mo: 1    Na: 1    Ni: 1    P: 1     Pb: 1    Si: 1    Sn: 1    Ti: 1
# 1     0.37149  0.11280  0.03454  0.00000  0.00000  0.00000  0.03176  0.09446  0.05008  0.09827

           Zn: 1
# 1     0.09537
```

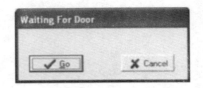

图 5 – 20 测试数据

（12）重复狭缝扫描操作步骤（2）～（5），两次激发应相隔 0.5～1min，共做三次（程序设定三次），屏幕显示三组各种元素的检测数据，如图 5 – 21 所示。

```
Setup Standard: S21-100
Analytical Program: S21                        Burn # 51

            Ref1     Ag: 1    Al: 1    B: 1     Ba: 1    Ca: 1    Cd: 1    Cr: 1    Cu: 1    Fe: 1
# 1      8.34206  0.00000  0.07009  0.19728  0.02959  0.00000  0.10721  0.09877  0.16359  0.10750
# 2      8.19194  0.00000  0.06773  0.21931  0.03207  0.00000  0.09746  0.09691  0.16673  0.09979
# 3      7.57307  0.00000  0.07207  0.02525  0.01328  0.00000  0.09998  0.09992  0.14057  0.10297
Average  8.03569  0.00000  0.06996  0.14728  0.02498  0.00000  0.10155  0.09853  0.15969  0.10342
Std.Dev. 0.10615  0.00000  0.00167  0.01558  0.00176  0.00000  0.00690  0.00131  0.00222  0.00545
% RSD      1.32     0.00     2.39    10.58     7.05     0.00     6.79     1.33     1.39     5.27

            Mg: 1    Mn: 1    Mo: 1    Na: 1    Ni: 1    P: 1     Pb: 1    Si: 1    Sn: 1    Ti: 1
# 1      0.37149  0.11280  0.03454  0.00000  0.00000  0.00000  0.03176  0.09446  0.05008  0.09827
# 2      0.36667  0.10503  0.03271  0.00000  0.00000  0.00000  0.02989  0.09045  0.04769  0.09062
# 3      0.33938  0.11138  0.03260  0.00000  0.00000  0.00000  0.03125  0.09450  0.04968  0.09589
Average  0.36908  0.10891  0.03363  0.00000  0.00000  0.00000  0.03082  0.09246  0.04889  0.09445
Std.Dev. 0.00341  0.00550  0.00129  0.00000  0.00000  0.00000  0.00132  0.00283  0.00169  0.00541
% RSD      0.92     5.05     3.85     0.00     0.00     0.00     4.29     3.06     3.46     5.73

            Zn: 1
# 1      0.09537
# 2      0.09477
# 3      0.10239
Average  0.09751
Std.Dev. 0.00043
% RSD      0.44
```

图 5 – 21 检测数据

关闭窗口。

（13）测试结果正确点击"Yes"，如图5-22所示。

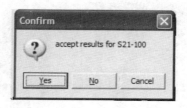

图5-22 确认

（14）显示 S21-100（100mg/L 标准油）中各种测量元素的测量值，如图5-23所示。

```
Setup Standard: S21-100

                  Original   Previous   Current          Previous          Current
Channel           Signal     Signal     Signal     Slope      Intercept  Slope      Intercept

 7  Ag   3382.89  0.0000000  0.0000000  0.0000000  1.0000000  0.0000000  1.0000000  0.0000000
11  Al   3082.16  0.0668096  0.0689855  0.0720715  0.9709408  -0.000094  0.9289509  -0.000141
19  B    2497.73  0.0778217  0.2082934  0.0252541  0.3717286  0.0003930  3.1032627  -0.000548
20  Ba   2304.24  0.0178353  0.0308326  0.0132761  0.5838849  -0.000167  1.3814439  -0.000505
 4  Ca   4454.78  0.0000000  0.0000000  0.0000000  1.0000000  0.0000000  1.0000000  0.0000000
21  Cd   2265.02  0.0906170  0.1023315  0.0999803  0.8858760  -0.000036  0.9068117  -0.000046
 5  Cr   4254.35  0.0942484  0.0978400  0.0999166  0.9672321  -0.000386  0.9468102  -0.000354
 9  Cu   3273.96  0.1467536  0.1651566  0.1405726  0.8915919  -0.000499  1.0473016  -0.000468
16  Fe   2599.40  0.0946886  0.1036414  0.1029719  0.9118587  0.0001823  0.9177881  0.0001822
15  Mg   2802.70  0.3411304  0.3690794  0.3393811  0.9247033  -0.000159  1.0057551  -0.000204
12  Mn   2933.50  0.0988154  0.1089135  0.1113754  0.9086124  -0.000145  0.8884536  -0.000136
14  Mo   2816.15  0.0319891  0.0336263  0.0325952  0.9520434  -0.000025  0.9838015  -0.000078
 2  Na   5895.89  0.0000000  0.0000000  0.0000000  1.0000000  0.0000000  1.0000000  0.0000000
 6  Ni   3414.76  0.0000000  0.0000000  0.0000000  1.0000000  0.0000000  1.0000000  0.0000000
17  P    2553.28  0.0000000  0.0000000  0.0000000  1.0000000  0.0000000  1.0000000  0.0000000
13  Pb   2833.06  0.0284389  0.0308237  0.0312476  0.9206099  0.0000623  0.9086444  0.0000459
18  Si   2516.11  0.0897989  0.0924559  0.0944954  0.9728190  -0.000144  0.9516166  -0.000125
10  Sn   3175.05  0.0458207  0.0488880  0.0496832  0.9378263  -0.000028  0.9206867  0.0000780
 8  Ti   3349.03  0.0908000  0.0944480  0.0958855  0.9635136  -0.000122  0.9487021  -0.000087
 3  Zn   4810.00  0.1123924  0.0950701  0.1023869  3.1525744  -0.187323  1.0639067  0.0034623
```

图5-23 测量结果显示

5. 分析样品

（1）双击打开样品（Sample）下拉菜单中新样品（New Sample）程序，如图5-24所示。

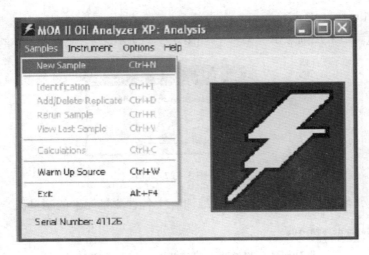

图 5 – 24　选择新样品

（2）按要求填写样品名称和注释（此程序不支持中文），如图 5 – 25 所示。

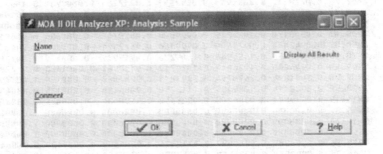

图 5 – 25　样品选项输入对话框

（3）点击 "OK"。

（4）按狭缝扫描操作步骤（2）～（5）将 100mg/L 标准油样改成分析样品进行操作，
图 5 –26 所示。

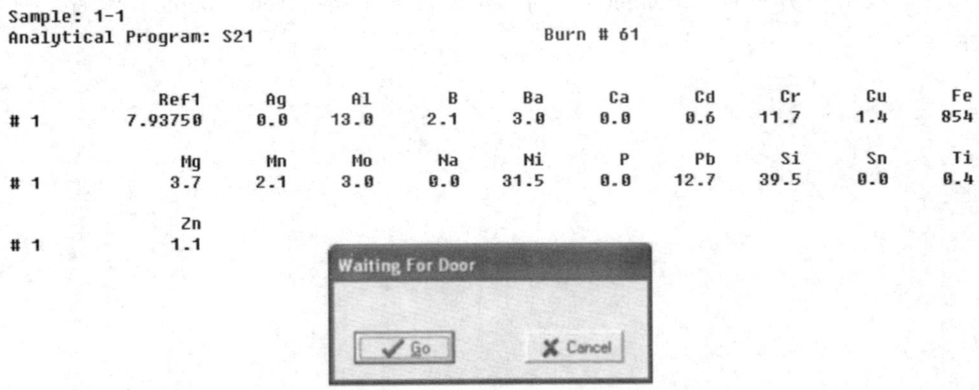

```
Sample: 1-1
Analytical Program: S21                            Burn # 61


          Ref1      Ag      Al      B      Ba      Ca      Cd      Cr      Cu      Fe
# 1     7.93750    0.0    13.0    2.1    3.0    0.0    0.6    11.7    1.4    854

          Mg      Mn      Mo      Na      Ni      P      Pb      Si      Sn      Ti
# 1      3.7    2.1    3.0    0.0    31.5    0.0    12.7    39.5    0.0    0.4

          Zn
# 1      1.1
```

图 5 –26　样品数据测试

（5）共做 3 次，屏幕显示 3 次所做各种元素数值及平均值，如图 5 - 27 所示。

```
Sample: 1-1
Analytical Program: S21                              Burn # 63


               Ref1      Ag      Al      B       Ba      Ca      Cd      Cr      Cu      Fe
# 1          7.93750    0.0    13.0    2.1     3.0     0.0     0.6    11.7    1.4     854
# 2          7.72027    0.0    13.4    2.2     0.0     0.0     0.3    11.9    1.3     918
# 3          7.62051    0.0    12.8    1.7     0.0     0.0     0.0    12.0    1.4     900
Average      7.75943    0.0    13.1    2.0     1.0     0.0     0.3    11.9    1.4     891
Std.Dev.     0.16208    0.0    0.3     0.3     1.7     0.0     0.3    0.2     0.1     33
% RSD        2.09       0.00   2.17    13.19   173.21  0.00    96.52  1.41    3.89    3.70

               Mg      Mn      Mo      Na      Ni      P       Pb      Si      Sn      Ti
# 1          3.7     2.1     3.0     0.0     31.5    0.0     12.7    39.5    0.0     0.4
# 2          4.0     2.0     2.4     0.0     31.5    0.0     12.8    40.8    0.0     0.3
# 3          4.1     1.7     1.8     0.0     31.5    0.0     11.9    40.8    0.0     0.3
Average      3.9     1.9     2.4     0.0     31.5    0.0     12.5    40.4    0.0     0.3
Std.Dev.     0.2     0.2     0.6     0.0     0.0     0.0     0.5     0.7     0.0     0.0
% RSD        4.49    11.58   25.78   0.00    0.00    0.00    3.73    1.84    0.00    12.40

               Zn
# 1          1.1
# 2          10.3
# 3          14.7
Average      8.7
Std.Dev.     6.9
% RSD        79.59
```

图 5 - 27　样品分析数据

（6）保存原始数据，如图 5 - 28 所示。

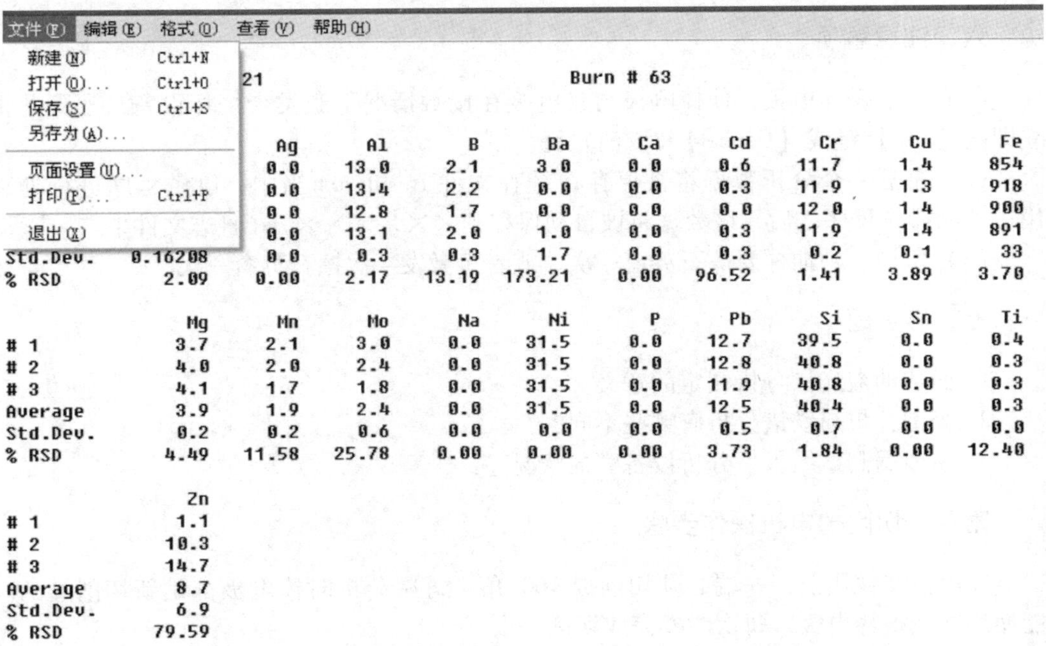

图 5 - 28　样品分析数据保存

分析结束后，结果将被保存在操作程序子目录（C：\\ MOA）当中的日志存储文件中，文件名称为××××××.txt，其中主文件名××××××为分析当天的日期。

五、实验记录与分析

实验过程中，须记录如表 5 - 1 所示数据，并进行分析。

表 5 - 1　油液光谱分析实验记录表　　　　　　（单位：mg/L）

试样名称：										
元素	Ag	Al	B	Ba	Ca	Cd	Cr	Cu	Fe	Mg
#1										
#2										
#3										
平均值										
元素	Mn	Mo	Na	Ni	P	Pb	Si	Sn	Ti	Zn
#1										
#2										
#3										
平均值										

六、注意事项

（1）如误操作电极，使棒电极与盘电极在接触情况下激发会烧坏设备！遇到此情况应立即按【Esc】键或【Cancel】（取消）键。

（2）最后一个分析数据将被保存在缓存文件 Result.txt 当中，以供程序进行处理时调用，关闭操作程序之后，该数据将被自动保存到××××××.txt 日志文件中。

（3）每换一种油样要擦石英窗一次，或者每激发 4 次擦石英窗一次。

七、思考题

1. 简述油液光谱分析测定的意义。

2. 光谱分析与铁谱分析有哪些不同？

3. 请根据测试结果，分析设备磨损状况。

附录：切削棒电极操作步骤

棒电极在使用前，一端必须切削成 160°角。每次分析时棒电极都是新切削过的。尽可能使用同一根棒电极，每次激发完成切削一次。

棒电极切削步骤：

（1）用干的软纸巾擦净激发时在棒电极上留下的残余污染物。

（2）检查棒电极切削机电源线接线是否正确，打开切削机电源开关。

（3）把棒电极插入切削机足够深度，接触到切削刀片。

（4）向内轻压棒电极，切削掉 4～6mm。

（5）切削完成后慢慢地退出棒电极，然后再轻推使之接触切削刀片，此时切削机会对棒电极抛光，这会优于简单切削。

（6）抽出棒电极，检查切削端有无碎片及破损，检查因上次激发被污染变色部分是否全部切削掉。

注意：如果切削机不能完成光滑切削，应更换切削机刀片。

实验二 润滑油碳型组成红外光谱分析实验

润滑油化学组成检测是控制基础油质量和开发润滑油产品的基础工作。碳型组成分析是研究基础油化学组成最简单、最快速的方法，在国内外石化行业得到普遍应用。该方法也是除运动黏度指数外，划分润滑油基础油基属（石蜡基、中间基和环烷基）的另一方法。

碳型组成（又称结构族组成）是将组成复杂的基础油看成是由芳香基、环烷基和烷基的结构单元组成的复杂分子混合物，其中用 C_A 表示芳环上的碳原子占整个分子总碳原子数的百分数，用 C_N 表示环烷上的碳原子占整个分子总碳原子数的百分数。用 C_P 表示烷基侧链上的碳原子占分子总碳原子数的百分数。C_A 高说明基础油中芳烃含量高，C_N 高说明基础油中环烷烃含量高，C_P 高说明基础油中石蜡基（烷）高。根据 C_A、C_N、C_P 的高低，判断基础油的基属。本实验适用于分子量范围为 290～500 和芳碳质量分数在 2%～35% 范围的矿物绝缘油。

一、实验目的

（1）了解润滑油红外光谱分析的工作原理。
（2）了解润滑油碳型组成红外光谱分析的方法。
（3）掌握润滑油碳型组成红外光谱分析的实验操作技术。

二、实验方法

根据被分析试样的红外吸收光谱计算芳环在 $1610cm^{-1}$ 特征吸收峰的吸光度，其吸光度是芳碳含量的函数。被测样品的芳碳含量与程长存在如表 5-2 所示的关系。

表 5-2 被测试样的芳碳含量和程长的关系

芳碳质量分数/%	液体吸收池程长/mm
≤5	≈0.5
5～13	≈0.3
13～35	≈0.1

三、仪器与试剂

双光束红外分光光度计或傅立叶变换红外光谱仪：在 $1610cm^{-1}$ 谱带的分辨率高于 $3cm^{-1}$。

吸收池：可变或固定程长的红外液体池，其程长在 0.1～0.5mm 之间，精确至 0.003mm。

玻璃注射器：1mL 或 2mL 玻璃注射器。

吸耳球：小型吸耳球。

四氯化碳：分析纯。

四、实验步骤

1. 调整仪器

根据红外光谱仪的操作要求，将仪器调整至工作状态。

2. 测定液池程长

采用干涉条纹法测定，将可调或固定程长的空液池放在仪器的测定光路中扫描，扫描范围 $1900\text{cm}^{-1} \sim 600\text{cm}^{-1}$，得到如图 5-29 所示的含有极大和极小值并且规则的干涉条纹。根据所得的干涉条纹的个数和对应的波数，代入公式（5-1）求出液池的程长。

$$L = \frac{n}{2}\left(\frac{1}{\gamma_1 - \gamma_2}\right) \times 10 \tag{5-1}$$

式中，L 为液池程长（mm）；n 为干涉的个数；γ_1 为干涉条纹对应的高波数（cm^{-1}）；γ_2 为干涉条纹对应的低波数（cm^{-1}）。

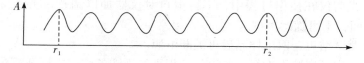

图 5-29　干涉条纹图

3. 测定油样

（1）用 1mL 或 2mL 的注射器，将被测油样注满吸收池。

（2）将注满油样的吸收池放在仪器的吸收池架上。

（3）记录 $1700\text{cm}^{-1} \sim 1530\text{cm}^{-1}$ 的红外谱图，如图 5-30 所示。

（4）取出吸收池，用吸耳球将吸收池中的油样吹出，并用注射器将四氯化碳溶剂注满吸收池，再用吸耳球将四氯化碳溶剂吹出，如此反复操作，直到吸收池内、外的油污均洗干净并将四氯化碳溶剂吹干为止。

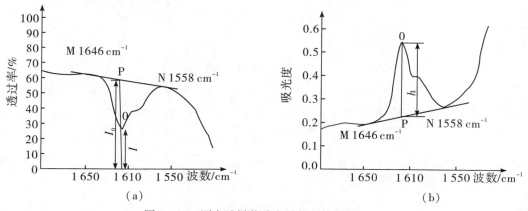

图 5-30　测定油样芳碳含量的红外光谱图

（5）从吸收谱带两翼透过率最大之点引一切线，作为该吸收谱带的基线，以它来读取

在 $1610cm^{-1}$ 入射光及透射光强度或峰高。

（6）进行平行试验。

五、数据记录与处理

根据红外光谱图，按照公式（5-2）或公式（5-3）计算芳碳含量：

$$C_A = 1.2 + 9.8 \times \frac{\lg I_0 / I}{L} \qquad (5-2)$$

$$C_A = 1.2 + 9.8 \times \frac{h}{L} \qquad (5-3)$$

式中，C_A 为芳碳含量（%）；I_0 为入射光强度；I 为透射光强度；L 为液体吸收池程长（mm）；h 为试样在波数 $1610cm^{-1}$ 左右最大吸收峰的峰高。

六、注意事项

（1）红外光谱仪在使用过程中，不得擅自对仪器加以调整，更不可拆卸其中的零件，尤其是光学镜面，不可随意擦拭。

（2）每次测试结束，取出样品后再关断电源。

（3）若液池窗板安装不平行，则得不到规则的干涉条纹，应拆开重新安装。

（4）油样在注满吸收池的过程中不应有气泡。

（5）使用四氯化碳应在通风橱中进行。

七、思考题

1. 润滑油碳型组成测定对生产和应用有何意义？
2. 红外光谱分析润滑油碳型组成的原理与方法分别是什么？

实验三　润滑油抗氧剂含量红外光谱分析实验

抗氧剂根据化学组成可分为酚型，胺型，含硫、磷、氮化合物，有机金属化合物和复合型抗氧剂。胺类和酚类抗氧剂为一类抗氧剂，属于自由基捕获剂，用于捕获油品氧化产生的自由基并形成相对稳定的基团，阻止氧化反应的继续进行。含硫、磷化合物为二类抗氧剂，属于过氧化物分解剂，用于分解油品氧化过程中产生的过氧化物，阻止氧化反应的继续进行。

常用的酚型抗氧剂有 2,6 – 二叔丁基对甲酚，其代号为 T501，应用于工业润滑油中，比如汽轮机油、变压器油、液压油和机床用油等。本实验用于测定未用过或已使用的变压器油和汽轮机油中 T501 抗氧剂含量。

一、实验目的

（1）了解润滑油红外光谱分析的工作方法。
（2）了解润滑油抗氧剂含量红外光谱分析的方法。
（3）掌握润滑油抗氧剂含量红外光谱分析的实验操作技术。

二、实验方法

变压器油和汽轮机油中由于添加了 T501 抗氧化剂，在 $3650cm^{-1}$（$2.74\mu m$）波数处出现酚羟基伸缩振动吸收峰。该吸收峰的吸光度与 T501 浓度成正比关系，通过绘制标准曲线，从而求出其在油样中的质量分数（最小检测限为 0.005%）。

三、仪器与试剂

1. 实验仪器

红外分光光度计。

电子天平：精度为 0.0001g。

液体吸收池：在 $3800cm^{-1} \sim 3500cm^{-1}$ 范围内透明，具有无选择性吸收的任何材料的池窗（常用池窗有 KBr、NaCl）、光程长 0.3 ~ 1.0mm。也可根据不同的仪器状况，选择合适程长的吸收池。

吸耳球。

玻璃注射器：1 ~ 2mL。

搅拌器。

2. 试剂与材料

四氯化碳：化学纯。

2,6 – 二叔丁基对甲酚：化学纯。

浓硫酸：密度 $1.84g/cm^3$，98%，分析纯。

干燥白土：粒度小于 200 目的白土约 500g，在 120℃下烘干 1h，保存于干燥器内。

四、实验步骤

1. 制备基础油

取变压器油或汽轮机油 1kg，加 100g 浓硫酸，边加边搅拌（搅拌时间 20min），然后加入 10～20g 干燥白土，继续搅拌 10min，沉淀后倾出澄清油。酸、白土处理应进行两次。将第二次处理后的澄清油加热至 70～80℃，再加入 100～150g 的干燥白土，搅拌 20min，沉淀后倾出澄清油。如此重复处理 1 次，沉淀后过滤，待用。

2. 检查基础油中是否含 T501 抗氧化剂

将两次加热加白土处理所得澄清油缓慢注满液体吸收池，按实验步骤中 4 中（2）进行测试，若在 3650cm⁻¹ 处没有吸收峰，则认为 T501 已脱干净，所得油为基础油。否则，再进行酸、白土处理，直至将 T501 脱干净为止。

3. 配制标准油

称取 T501 抗氧化剂 1.0g（精确至 0.0001g），加热（不高于 70℃），溶于 199.0g 基础油中，制成含 0.50% T501 的标准油。此油避光保存于棕色瓶中，可以使用三个月。再称取此油 4.0g、8.0g、12.0g、16.0g，分别溶于 16.0g、12.0g、8.0g、4.0g 基础油中，得到 T501 质量分数分别为 0.1%、0.2%、0.3%、0.4% 的标准油。

4. 绘制标准曲线

（1）用 1～2mL 的玻璃注射器，抽取标准油样，缓慢地注满液体吸收池。

（2）将注满标准油的液体吸收池放在红外分光光度计的吸收池架上，记录 3800cm⁻¹～3500cm⁻¹ 段的红外光谱图（如图 5－31 所示），重复扫描三次。若三次扫描示值计算得到的吸光度 A 的最高值和最低值之差大于 0.010，则需重新测定，否则取三次测定结果的算术平均值作为测定结果。

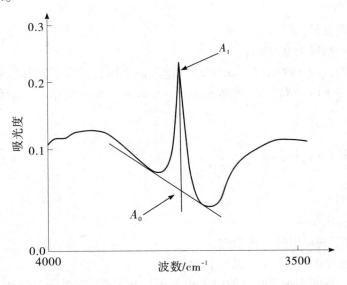

图 5－31　变压器油、汽轮机油中 T501 含量的红外光谱图例

（3）记录完谱图后，将液体吸收池从吸收池架上取下，用吸耳球将吸收池中的油样吹出，并用四氯化碳溶剂将吸收池清洗干净。

（4）按实验步骤中（2）的操作分别测定含有 0.1%、0.2%、0.3%、0.4%、0.5% T501 的标准油的红外光谱谱图。

（5）吸光度谱图：读取在 $3650cm^{-1}$ 处吸收峰的最大吸光度值 A_1（精确到 0.001），并以该谱图上相邻两峰谷的公切线作为该吸收峰的基线，过 A_1 点且垂直于吸收线作一直线，与基线相交的点即为 A_0。有

$$A = A_1 - A_0 \tag{5-4}$$

式中，A 为含有 T501 的油样的吸光度；A_1 为含有 T501 的油样的吸光度示值；A_0 为含有 T501 的油样基线的吸光度示值。

（6）取两次平行实验结果的吸光度的算术平均值作为标准油样的 A 值。

（7）用 A 值对 T501 的质量分数绘制标准曲线，如图 5-32 所示。

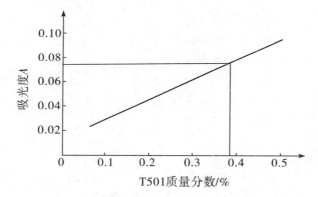

图 5-32 变压器油、汽轮机油中 T501 含量的标准曲线示例

5. 油样的测定

（1）用 1～2mL 玻璃注射器抽取油样，缓慢地注入与绘制标准曲线所用的同一个液体吸收池中。

（2）在与绘制标准曲线完全相同的仪器条件下，按实验步骤 4（2）测定油样的吸光度。

五、数据记录与处理

（1）按实验步骤 4（6）计算出油样的吸光度值，重复两次。

（2）用求出的 A 值在标准曲线上查得 T501 的质量分数。

（3）取两次平行实验结果的算术平均值为测试值。

六、注意事项

（1）红外光谱仪在使用过程中，不得擅自对仪器加以调整，更不可拆卸其中的零件，尤其是光学镜面，不可随意擦拭。

（2）每次测试结束，应先取出样品，再关断电源。

（3）使用四氯化碳应在通风橱中进行。

七、思考题

1. 润滑油中为什么要使用抗氧剂？

2. 简述红外光谱测定润滑油抗氧剂含量的原理与方法。

第六章　润滑油液污染度分析实验

实验一　显微镜法测定油液污染度实验

油液中存在的颗粒污染物会影响润滑的能力和引起元件的磨损。与系统密切相关的油液污染度直接影响到系统的可靠性和性能，必须控制在一定等级。显微镜颗粒计数技术是测定油液污染度最常见的方法，也较简单。其原理是将油样经过滤膜过滤，然后将带污染颗粒的滤膜烘干，放在普通显微镜下统计不同尺寸范围的污染颗粒数目和尺寸。该技术的优点是能直接观察和拍摄磨损微粒的形状、尺寸和分布情况，从而定性了解磨损类型和磨损微粒来源。该方法装备简单，费用低廉，应用广泛。

一、实验目的

（1）了解润滑油污染度分析的意义。
（2）了解显微镜法测定油液污染度的方法。
（3）掌握显微镜法测定油液污染度的实验操作技术。

二、实验方法

将已知体积的油样通过真空过滤，将颗粒污染物收集到滤膜上烘干，制备成不透明或透明的试片。通过显微镜入射光或透射光进行颗粒计数，按照颗粒的最长尺寸统计出颗粒的尺寸和数量，据此得出油样的污染度。

三、仪器与试剂

1. 仪器

干燥箱：能将温度控制在70℃±2℃。

外置灯：高度可调节，要求试片载物台有倾斜度。

过滤装置：漏斗，300mL容量，其体积刻度经过校准；漏斗盖；夹紧装置；滤膜支撑盘；防止在真空过滤时产生静电的装置。

带刻度的量筒：用来测量液样体积，体积刻度的精度应为±2%。

图像分析仪：主要由带物镜镜头和三目镜头（双目镜头和另作照相记录用的镜头）的显微镜及连接有摄像机的图像显示器组成。图像分析仪将显微镜中选取的颗粒分布的视场通过摄像机传输到显示器的视屏上，利用电子装置和计算机对视屏上颗粒影像区域进行分辨，测定并统计颗粒的尺寸与数量。

滤膜：应与液样和使用的溶剂及制备过程所用的化学试剂相容，通常滤膜的直径为 47mm，白色，带有方格（每个方格边长为 3.1mm，面积为有效过滤面积的 1/100），孔径小于 1.5μm；人工计数时，可用孔径 2μm 的滤膜。直径 47mm，白色、无格，孔径小于 1.5μm 的滤膜可用于图像分析。允许使用不同直径的滤膜。

显微镜玻璃载片和盖片：仅用于透射光方法，其尺寸应大于滤膜直径。盖片厚度应保证颗粒在所用显微镜最大放大倍数的焦距上。

滤膜固定器：塑料或其他带盖子的器皿，用于支撑和保护滤膜（仅用于入射光方法）。

用于颗粒计数的显微镜：配有物镜镜头、目镜镜头，能测定 ≥2μm 的颗粒。显微镜由以下部分组成：粗细焦距调节旋钮；用于入射光方法的镜头和用于透射光方法的底部光源；可调节观察到试片上滤膜有效过滤面积的机械载物台；在机械载物台上，用于安全存放滤膜固定器或试片的装置；带有最小分度值的目镜测微尺（不对在特定放大倍数下最小颗粒计数），而且带有适当的刻度；用透射光计数。最好的设备是带有显示屏的投影式显微镜，远距离连接目镜和旋转载物台。

塑料薄膜：0.05mm 厚、边长为 50mm 的正方形。如果取样瓶盖无内部密封垫，则置于瓶盖与取样瓶中间。此薄膜应是洁净的，且与液样相容。

取样瓶：容量 250mL，最好为平底、螺纹广口，瓶盖内有氯丁橡胶密封垫。

油样搅拌装置：用于弥散液样中的污染物，该装置由一个实验室用辊子、一个三轴晃动器及一个功率为 3000～10000W/m² 的超声波发生器组成。使用该装置应保证不改变污染物的基本尺寸和分布状态。

溶剂冲洗瓶：用于喷射溶剂冲洗器皿，其喷管中装有孔径不大于 1μm 的滤膜。

物镜测微尺：在 0.1mm 和 0.01mm 长度内划分刻度线，且经过校准，量值可测至国家标准。

手动计数器：用于在有效区域内对某一尺寸范围的颗粒计数。

镊子：材质为不锈钢，夹持部位扁平光滑。

真空装置：能保证 86.6kPa（≈0.87bar，650mmHg）的真空度。

真空瓶：用于支撑过滤装置，存留液样。

2. 试剂

异丙醇。

蒸馏水或软化水。

液体清洗剂：无固体残渣。

溶剂：石油醚（沸点 100～120℃）或等效的溶剂，用于清洗器皿和稀释液样。

固定剂：通过加热，使滤膜附在玻璃载片上，形成不透明薄膜的一种液体。

浸渍油：处理固定滤膜用的一种液体。加热可以使滤膜变成透明并黏附在玻璃片上。其折射率应与玻璃盖片的折射率相近。

四、实验步骤

1. 清洗玻璃器皿

（1）按照要求采用石油醚或等效的溶剂清洗以下器皿：带有刻度的量筒、取样瓶、玻璃载片和盖片、滤膜固定器等。

（2）器皿要求的清洁度（RCL）应使污染物不影响整个计数结果。取样瓶的 RCL 值为每 100mL 容积中大于 $5\mu m$ 的颗粒数少于 250 个。

2. 校准显微镜

（1）用于手动计数的显微镜，应先选择合适的放大倍数，然后将一个校准过的物镜测微尺放在载物台上，调节显微镜的焦距和视场，使视场中的物镜测微尺与目镜测微尺在同一焦距上。

（2）调节显微镜载物台的位置，使物镜测微尺零线与目镜测微尺零线重合。校准显微镜在该放大倍数时，在物镜测微尺的刻度范围内，目镜测微尺某一范围内分度值的尺寸。

（3）重复步骤 2（1）和 2（2），校准显微镜颗粒计数使用的所有放大倍数的目镜测微尺某一范围分度值的尺寸。

3. 校准有效过滤面积（EFA）

（1）制备一种适合着色的有色粉末悬浮液样，通过滤膜过滤，校准滤膜的有效过滤面积。最好选用红色氧化物作为有色粉末，加入一定量的溶剂，按约 1mg/L 浓度制备，充分晃动并用超声波发生器弥散 1min。

（2）在已校准过的过滤装置中装入 1 片 $1\mu m$ 滤膜，并牢牢夹紧。过滤约 25mL 或能使滤膜清楚着色的悬浮液体，真空抽滤至干燥。

（3）打开夹紧装置，小心从滤膜支撑盘上取下滤膜，在已着色滤膜边缘的 0.1mm 处测量其直径。根据至少两次测量结果的平均值，计算有效过滤面积（EFA），并在漏斗上做合适的标记。

4. 处理油样

（1）给所有油样瓶标上详细识别号，并去掉所有其他的标签，以保证油样瓶具有唯一标记。用已过滤的溶剂冲洗液样瓶外面，特别是盖子外面。

（2）如果该油样已存放一段时间，颗粒可能会沉淀，甚至结块。在分析前，应将结块振开，并使油样中的污染颗粒重新弥散均匀。

（3）用手剧烈摇晃液样至少 1min，或用一种合适的方法混合均匀，例如使用三轴晃动器至少晃动 5min，以重新分散取样瓶中的颗粒污染物。但不能改变污染物颗粒的尺寸分布。

（4）如果使用超声波振荡的方法振开结块颗粒，则把油样瓶放在超声波发生器中，超声波发生器中液体的液面应低于取样瓶，且至少在取样瓶的 3/4 处。超声波振荡时间不超过 1min，然后用手晃动约 30s。

5. 空白分析试验

（1）每个油样分析前都要进行空白分析试验。除非证明不用进行空白分析试验，否则在计数程序开始前应做此试验，或至少有 1 次空白分析试验过程。

（2）按步骤 6 进行制片，用溶剂代替油样，将 100mL 已过滤的溶剂倒入放有滤膜的过滤装置中，真空过滤并抽吸至干燥。

（3）按步骤 9（3）进行统计计数，计数 $\geqslant 5\mu m$ 尺寸的颗粒。

（4）空白分析计数中，如果 $\geqslant 5\mu m$ 尺寸的颗粒数大于被分析油样预计颗粒数的 10%，则表示清洁度不够，应重新清洗相关器皿，使得 100mL 溶剂中 $\geqslant 5\mu m$ 尺寸颗粒过滤到少于 100 个，并重复步骤 5（2）和 5（3）。

（5）重新清洗后，若空白数仍较高，则需重新检查整个过程，即器皿清洗程序、溶剂的过滤程序、准备过程和环境。

（6）在显微镜颗粒计数表（如表 6-2 所示）上记录空白数。

6. 真空过滤收集污染物

（1）按要求的空气洁净度等级控制环境，环境洁净度应达到 5 级或更好。按步骤 4 处理油样。

（2）确保所有使用的器皿都达到要求的清洁度标准。

（3）用滤过的溶剂冲洗镊子，从滤膜盒中取出滤膜，小心冲洗上表面，然后将滤膜放在滤膜支撑盘中间。将冲洗干净的上部漏斗压在滤膜上，盖住漏斗盖，用夹紧装置夹紧整个组件，并连上防静电线。将真空装置连接到长颈瓶的侧臂上。在操作过程中注意不要移开漏斗的盖子。

（4）按步骤 4（3）重新弥散液样后，按确定的体积将油样倒入量筒中测量，然后再倒入上部漏斗。将量筒中的剩余液样彻底冲洗干净，再倒入上部漏斗；如果取样瓶或上部漏斗刻度已校准过，可将液样直接倒入上部漏斗，盖上漏斗盖子，抽真空过滤。

（5）当漏斗内液体已滤至很少体积时（例如 20mL），关掉真空泵。用装有洁净溶剂的冲洗瓶按螺旋方向冲洗漏斗内壁，注意不要使液流搅动滤膜表面的颗粒。用足够量的洁净溶剂冲洗漏斗，直至液样中的污染物完全沉附到滤膜上，然后真空抽滤至滤膜干燥。

（6）用干净镊子从滤膜支撑盘上取下滤膜，小心放到干净滤膜固定盒的载片上，使滤膜的格线与载片的边线平行。盖上盖子以防滤膜被外界污染，并在滤膜固定盒上做出标记于识别。

7. 评价计数适应性

（1）按照步骤 6 用 100mL±5mL 油样制备成试片，在 ×50 放大倍数下，采用入射光进行观察，检查试片有效过滤面积上颗粒的分布状态。

（2）如果试片上颗粒分布均匀且无颗粒重叠现象，则按步骤 9 计算出颗粒数。如果观察颗粒分布无规律，则废除此试片，再重新制作试片。

（3）如果观察到的重叠颗粒估计是 $\geqslant 5\mu m$ 的颗粒，为了获得准确的颗粒计数，根据被过滤的油样体积，再次取合适体积的油样，按步骤 6 重新制作试片。将油样的体积记录在表 6-2 中。

（4）如果在 100mL 油样未过滤完时滤膜已接近堵塞，则应将漏斗中剩余的液样倒回量筒中，然后冲洗漏斗内壁，真空过滤，抽滤至干燥。

（5）如果是颗粒浓度高引起的堵塞，根据估计量出可以获得适当的颗粒分布需要的体积，按步骤6重新制作试片。将油样的体积记录在表6-2中。

（6）如果是细碎颗粒沉淀引起的堵塞，应选择较粗的滤膜或减少一定体积，按步骤6重新制作试片。将该油样的体积和滤膜孔径记录在表6-2中。

（7）当过滤体积和/或滤膜孔径配置得当时，用入射光或透射光对试片上的颗粒计数（步骤9）。

8. 制备用于透射光计数的试片

（1）取一干净玻璃载片，用已过滤的溶剂冲洗干净并涂上足够浸透滤膜的固定液。

（2）用镊子小心地从滤膜支撑盘上或滤膜固定盒中取出滤膜，放在涂有固定剂的玻璃载片上（注意：滤膜有污染颗粒的面向上，滤膜格子与玻璃载片边缘平行）。为便于识别，在载片上做出标记。

（3）为防止在加热或晾干时滤膜被环境污染，用培养皿罩住放有滤膜的玻璃载片，放入温度为55~60℃的干燥箱中，烘干约1h。滤膜固定在玻璃载片上时应为不透明和白色的。

（4）从干燥箱中取出玻璃载片并罩住，晾2~3min，使其与外界温度平衡。晾干后，取一玻璃盖片，用滤过的溶剂冲洗其接触面，晾干，并立即在洁净面上涂上浸渍油。

（5）取掉玻璃载片上的盖子，再盖上涂有浸渍油的盖片（注意：应排出载片与滤膜间的空气），对齐载片和盖片的位置后，固定试片。

（6）小心将组合好的试片放到干燥箱中，在55~60℃温度下烘干至少90min。

（7）干燥后，从干燥箱中取出试片，晾至室温。

9. 颗粒计数尺寸选择和计数程序

（1）根据要求选择尺寸。颗粒尺寸至少应包括下列部分或全部尺寸：$\geqslant 2\mu m$、$\geqslant 5\mu m$、$\geqslant 15\mu m$、$\geqslant 25\mu m$、$\geqslant 50\mu m$、$\geqslant 100\mu m$，以适合各种污染度等级标准的需要。若需要的数据在计数要求的尺寸范围内，也可根据累积颗粒数的最终结果计算出差分颗粒数。纤维包括在$\geqslant 100\mu m$尺寸的颗粒数中，但应单独注明。

（2）名义放大倍数的选择按照计数颗粒尺寸的范围，选择表6-1中合适的放大倍数。

表6-1　名义放大倍数的光学组合

放大倍数（名义）	目镜	物镜	建议最小颗粒尺寸/μm
×50	×10	×5	20
×100	×10	×10	10
×200	×10	×20	5
×500	×10	×50	2

（3）统计计数程序。

①将滤膜固定盒（入射光）或试片（透射光）放在显微镜载物台上，调节焦距和滤膜方格的方向，如果用倾斜光源，调整角度和亮度，以保证最好的颗粒清晰度。

②为更好地进行图像分析，根据厂家的说明书调整亮度、设置参数和修正明暗度。

③选择被计数试片的面积和与计数最大颗粒尺寸相匹配的放大倍数（如表6-1所示）。观察第一个单元面积并计数大于或等于被选择尺寸的颗粒数。

④选择计数的单元面积，统计滤膜上的总颗粒数。

⑤再选择滤膜的另一区域，计算它的单元面积，计数包括已被单独确认为纤维的所有颗粒。继续选择滤膜独立区域，或任一组合方式或任意地选择面积，计数所选区域内的颗粒数，直到对至少10处独立的区域统计总数不少于150个颗粒数。在表6-2中记录颗粒数及统计的区域个数。

⑥选择其他尺寸的放大倍率，重复步骤9（3）中①~⑤。

五、数据记录与处理

（1）将实验过程中的各种数据记录在表6-2中。

表6-2 显微镜颗粒计数表

	油样编号			显微镜编号		
	滤膜的有效过滤直径 D/mm		滤膜的有效过滤面积 A/mm^2		滤膜孔径/μm	
	单位面积的长度 L/mm		油样体积 V/mL		光源方法（入射光/透射光）	
	颗粒尺寸/μm					纤维
空白	颗粒数 n					
	单元数 f					
	单元的宽度 W/mm					
	每100mL中颗粒数 N					
油样	颗粒数 n					
	单元数 f					
	单元的宽度 W/mm					
	每100mL中颗粒数 N					

（2）每100mL油样中大于等于所选尺寸的颗粒数，用 N 表示：

$$N = \frac{A \times n \times 10^5}{f \times L \times W \times V} \tag{6-1}$$

式中，A 为滤膜的有效过滤面积（mm^2）；n 为大于等于所选尺寸的颗粒数；f 为计数的单元数；L 为单元的长度或方格的尺寸或直径长度（mm）；W 为单元的宽度（mm）；V 为油样过滤的体积（mL）。

（3）实验数据应检查确认。如果检查确认是数据统计的错误，应对滤膜特定尺寸或所有尺寸重新计算。

六、注意事项

（1）因为溶剂是易燃品，使用时应尽量选用低闪点的。为避免人体吸入这些有害的溶剂气体，应采取适当的预防措施。通常可选用合适的防护设备，使室内通风，以保证人体的安全和健康。

（2）所有用于清洗和冲洗的溶剂都需经过 1μm 或更细滤膜的过滤。

（3）对于试片上重叠的或接近单一较大的颗粒，需在放大倍数 ×100 或 ×200 下观察。

（4）取掉玻璃载片上的盖子时，应避免盖片碰掉滤膜上的颗粒。

（5）为了减少颗粒失落的影响，获得更具有代表性的统计结果，应首先统计最大尺寸的颗粒。

（6）所选择的单元面积应该均匀分布在整个滤膜的有效过滤面积上，而不能从相近区域选择。

（7）当颗粒处在格子的上边线和左边线上时，应算作该格子的颗粒数。当颗粒处在下边线和右边线上时，则不算作该格子的颗粒数。

（8）如果某区域滤膜上的颗粒浓度很低或在 10 处独立区域计数到的颗粒数不足（少于150 个），继续计数其他区域的颗粒，直到颗粒数达到计数要求为止。

七、思考题

1. 简述显微镜法测定油液污染度的原理与方法。

2. 用显微镜法测定油液污染度应注意哪些事项？

3. 油液污染度如何表示？

实验二　自动颗粒计数器测定油液污染度实验

自动颗粒计数器是目前分析油液中污染物的主要工具之一，可以测定油液中污染物的浓度及尺寸分布，并且测定结果准确，对系统的维护以及可靠性的提高有着很重要的意义。因而被广泛应用于航空、电力、冶金、机械等领域的润滑及液压系统中。

一、实验目的

（1）了解自动颗粒计数器的工作原理。
（2）了解自动颗粒计数器测定油液污染度的方法。
（3）掌握自动颗粒计数器测定油液污染度的实验操作技术。

二、实验原理

自动颗粒计数器依据遮光原理来测定油的颗粒污染度。当油样通过传感器时，油中颗粒会产生遮光，不同尺寸颗粒产生的遮光不同，转换器将所产生的遮光信号转换为电脉冲信号，再划分到按标准设置好的颗粒度尺寸范围内并计数。

三、仪器与试剂

1. 仪器

自动颗粒计数器：根据遮光原理工作，在实验过程中能自动搅拌样品，不会产生颗粒沉降现象。

传感器：与自动颗粒计数器配套使用，至少能测定粒径为 $5\mu m$ 的颗粒数量。

超声波清洗器：底部面积功率为 $3000 \sim 10000 W/m^2$。

真空泵：真空度不小于 86kPa。

过滤装置：法兰式过滤装置，供过滤清洁液用。

微孔滤膜：直径为 50mm，孔径分别为 $0.8\mu m$、$0.45\mu m$ 和 $0.3\mu m$。

取样瓶：不小于 200mL 的无色透明玻璃瓶或聚丙烯塑料瓶，带有螺旋口瓶盖，其流出口应光滑，且底部转角处应呈现防止固体颗粒物滞留的圆弧状。

量筒：100mL。

2. 试剂

石油醚：沸点为 $90 \sim 120℃$。

异丙醇：分析纯。

除盐水或蒸馏水。

四、实验步骤

1. 制备清洗液

（1）依次用孔径为 $0.8\mu m$、$0.45\mu m$ 和 $0.3\mu m$ 的滤膜过滤异丙醇、石油醚或蒸馏水等溶剂制得清洁液。

（2）用于清洗仪器和玻璃器皿的清洁液，每100mL中≥5μm的颗粒应少于100个。

（3）用于稀释样品及检验取样瓶的清洁液，每100mL中≥5μm的颗粒应少于50个。

2. 准备取样瓶

（1）先将取样瓶、瓶盖、塑料薄膜衬垫按规定的方法清洗干净，再用清洁液冲洗至颗粒度指标达到步骤2（2）的要求。

（2）向清洗后的取样瓶中注入占总容积45%～55%的清洁液，垫上薄膜，盖上瓶盖后充分摇动，用自动颗粒计数器测定每100mL液体中≥5μm的颗粒数，不应超过100个。超过时，应按步骤2（1）重新冲洗取样瓶，直至颗粒数不超过100个为止，或取样瓶的颗粒污染度比被取油样至少低两级。

（3）将颗粒数乘以注入瓶内清洁液的体积，然后除以瓶的总容积，将比值结果记录在取样瓶的标签上，作为该取样瓶的清洁级。

（4）在经检验合格的取样瓶底部留约10mL清洁液，在瓶盖与瓶口之间垫上薄膜，密封备用。

3. 准备油样

（1）取样时，先倒掉取样瓶中保留的少量清洁液，再取样。

（2）按规定提取至少150mL油液于取样容器中，立即加盖密闭。

（3）用不脱落纤维的抹布拭去取样容器外表面的任何可见污染物。

4. 准备仪器

（1）自动颗粒计数器应安置于能防止空气中的颗粒在检测过程中侵入液样的环境中。

（2）检测容器应使用经过真空过滤器处理的石油醚进行清洗。

（3）自动颗粒计数器应按仪器使用说明书的要求提前接通电源，以保证其稳定性。

（4）在检测油样之前，用经过真空过滤器处理的石油醚，按仪器使用说明书的要求冲洗传感器和管道系统，并检查系统的清洁度，应符合每毫升中大于2μm的颗粒少于10个、大于5μm的颗粒少于2个的要求。

（5）用待测液样再次冲洗仪器管路系统。

5. 测试油样

（1）将装有待测油样的取样容器放入超声波清洗器中至少振荡1min，超声波槽的液位应略低于取样容器中的液位，或达到取样容器高度的3/4位置。

（2）用力摇晃取样容器中的油样至少1min，使油样均匀。

（3）用不脱落纤维的抹布擦净取样容器的外表面，开启取样容器的盖子，将油样倒掉至少20mL，然后按原倾倒方向（不要转动取样容器）将液样转移至检测容器中。

（4）将检测容器加盖后放入超声波清洗器中振荡，直至气泡上升至油样表面。

（5）取出检测容器后静置5s左右，使油样中的余气上升至液面。

（6）立即将盛有待测油样的检测容器放入自动颗粒计数器的取样腔中。

（7）确定自动颗粒计数器的计数方式。

（8）按工作流速至少进行三次等体积油样的检测，且每次检测油样的体积不应少于 10mL。

（9）以三次检测的平均值作为检测结果。颗粒最小检测尺寸的三次计数值应相差在 10% 以内；否则，应重新检测。

（10）检测结束后，应立即用经过过滤处理的石油醚冲洗自动颗粒计数器的传感器和管道系统。

五、数据记录与处理

（1）颗粒数取表 6 – 3 中几个尺寸范围的三次测量结果的平均值，按进位法修约到整数，并记录。

（2）按 NAS1638 颗粒污染度分级标准划分颗粒污染度等级。

（3）记录检测实验中观察到的异常现象。

表 6 – 3　自动颗粒计数器测定油液污染度实验记录表

油样名称	颗粒尺寸范围（μm）及每 100mL 油液中颗粒数					污染级别 NAS1638	质量指标
	5 ~ 15	15 ~ 25	25 ~ 50	50 ~ 100	> 100		

异常现象：

六、注意事项

（1）因为溶剂是易燃品，使用时应尽量选用低闪点的。为避免人体吸入这些有害的溶剂气体，应采取适当的预防措施。通常可选用合适的防护设备，使室内通风，以保证人体的安全和健康。

（2）检验取样瓶所用的清洁液，应根据瓶的干燥程度选用。若取样瓶中有水存在，选用异丙醇；若取样瓶干燥，选用石油醚。

七、思考题

1. 简述自动颗粒计数器的工作原理。
2. 简述自动颗粒计数器测定油液污染度的方法。
3. 简述油液污染度的表示方法。

参 考 文 献

［1］汪德涛．润滑技术手册［M］．北京：机械工业出版社，1999．

［2］张翠凤，龚光寅．机械设备润滑技术［M］．广州：广东高等教育出版社，2001．

［3］杨其明，严新平，贺石中．油液监测分析现场实用技术［M］．北京：机械工业出版社，2006．

［4］曹喜焕，李建军．润滑油检测及选用指南［M］．北京：化学工业出版社，2013．

［5］GB/T 11144—2007 润滑液极压性能测定法——梯姆肯法．

［6］赵惠菊．油品分析技术基础［M］．北京：中国石化出版社，2010．

［7］顾洁，胥立红，梅林．油品分析与化验知识问答［M］．2 版．北京：中国石化出版社，2009．

［8］郭晓斐，王玥，袁兴栋．表面处理溶液分析实验指导书［M］．北京：化学工业出版社，2013．

［9］GB/T 7603—2012 矿物绝缘油中芳碳含量测定法．

［10］GB/T 7602.3—2008 T501 抗氧化剂含量测定法第 3 部分：红外光谱法．

［11］田松伯．油品分析技术［M］．北京：化学工业出版社，2011．

［12］王宝仁．油品分析［M］．2 版．北京：高等教育出版社，2014．

［13］熊云，许世海，刘晓，等．油品应用及管理［M］．北京：中国石化出版社，2015．

［14］田高友，褚小立，易如娟．润滑油中红外光谱分析技术［M］．北京：化学工业出版社，2014．

［15］孙志伟．基于油液分析技术的设备监测与故障诊断方法研究［D］．太原：太原理工大学，2012．

［16］李柱国．油液分析诊断技术［M］．上海：上海科学技术文献出版社，1997．

［17］关子杰．润滑油与设备故障诊断技术［M］．2 版．北京：中国石化出版社，2002．

［18］GB/T 20082—2006 液压传动　液体污染　采用光学显微镜测定颗粒污染度的方法．

［19］CB/T 3997—2008 船用油颗粒污染度检测方法．

［20］DLT 432—2007 电力用油中颗粒污染度测量方法．

［21］李五一．高等学校实验室安全概论［M］．杭州：浙江摄影出版社，2006．